JN218968

# 30年先を見据えた 交通計画

公益社団法人
土木学会

# Transport Planning beyond 30 years

March, 2025

Committee of Infrastructure Planning and Management

# はじめに

本書は2020年から発足した、土木計画学研究委員会研究小委員会「新しいモビリティサービスやモビリティツールの展開を前提とした交通計画論の包括的研究小委員会」（仮称：新ブキャナン）のメンバーを中心に執筆したものである。

この小委員会の活動として実施した、以下の勉強会やセミナーの内容をさらに発展させ1冊の本として書き上げた。

Ⅰ．2020 ～ 2021年度に16回にわたりメンバーと外部講師による公共交通、海外の動向、情報と交通等の様々な交通問題の勉強会を行ってきた。

詳細は**付録Ⅰ「Ⅰ．2020年度～ 2021年度の勉強会」**参照。

Ⅱ．2022年度には①高齢社会と未来の交通（1日）、②北海道のバリアフリーと交通における新しい方向性（1日）のセミナーを開催した。

詳細は**付録Ⅱ「Ⅱ．2022年のセミナーⅡ 1　高齢社会と未来の交通、Ⅱ 2　北海道のバリアフリーと交通における新しい方向性」**を参照。

Ⅲ．2023年度には「30年先に今の交通は何が変わるのか？」をテーマに2日間にわたってセミナーを行った。

詳細は**付録Ⅲ.「30年先に今の交通は何が変わるのか？ PARTⅠ・PARTⅡ　セミナーのプログラム」**を参照。

今までの交通計画は10から20年後を目標年とした様々な指標（人口、産業、経済など）の変化を用いてこれに合わせた交通計画を立ててきた。しかし今までの右肩上がりの時代とは違い、2010年頃からは人口減少による都市の縮退や、地球温暖化による$CO_2$削減が待ったなしの状況下にある。さらに、情報社会はMaaS（Mobility as a Service）やCASE（Connected（自動車のIoT）、Autonomous（自動運転）、Shared & Services（所有から共有）、Electric（電気自動車とカーボンニュートラル））などが交通社会に大きな変化をもたらし、今後も変化し続ける。

以上のことから、30年後の交通においては、今までの手法では予測不可能であり、社会課題と交通を統合的・相互的にとらえて考えなければならない。つまり人口問題、エネルギーと環境問題、情報化社会、交通の技術とサービスなど、いずれも大きな変化を伴い、これらの影響を受けながら都市や地域社会の枠組みも同時に変化が起こっている。

本書では、まず、社会の大きな課題から論じ、今までの交通計画とこれからの課題とを明確にする。次に、大都市から過疎地域の地域への取り組み方と新しい動き、それに必要な交通計画を論じたうえで、これを支える新しい技術動向や障害者の情報とコミュニケーションの新技術など具体的な事例を紹介する。そして最後に座談会により「未来への交通をどのように作り上げるか？」を語って終わりとする。

○編集は以下の５人により行った。

秋山　哲男（中央大学 研究開発機構 機構教授）
中村　文彦（東京大学 大学院新領域創成科学研究科 特任教授）
髙見　淳史（東京大学 大学院工学系研究科都市工学専攻 准教授）
竹内　龍介（中央大学 研究開発機構 機構准教授）
菅原　宏明（八千代エンジニヤリング株式会社 技術創発研究所）

○土木計画学研究委員会研究小委員会「新しいモビリティサービスやモビリティツールの展開を前提とした交通計画論の包括的研究小委員会」（仮称：新ブキャナン）のメンバーは下記のとおりである。

**新ブキャナン小委員会メンバー**

**委員長：**

秋山　哲男（中央大学 研究開発機構 機構教授）
中村　文彦（東京大学 大学院新領域創成科学研究科 特任教授）

**副委員長：**

菅原　宏明（八千代エンジニヤリング株式会社技術創発研究所 副所長）
髙見　淳史（東京大学大学院 工学系研究科 都市工学専攻 准教授）
竹内　龍介（中央大学研究開発機構 機構准教授）

**幹　事：**

大森　宣暁（宇都宮大学 地域デザイン科学部 社会基盤デザイン学科 教授）

猪井　博登（富山大学 学術研究都市デザイン学系 准教授）

吉田　長裕（大阪公立大学 大学院工学研究科都市系専攻 准教授 ）

吉田　　樹（福島大学 経済経営学類 教授（前橋工科大学学術研究院 特任教授（クロスアポイントメント）））

神谷　大介（琉球大学 工学部 社会基盤デザインコース 准教授）（併任：島嶼防災研究センター工学部附属地域創生研究センター 社会システム研究部門長）

稲垣　具志（東京都市大学 建築都市デザイン学部 都市工学科 准教授）

**委　員：**

原田　　昇（中央大学理工学部 都市環境学科 教授）

谷下　雅義（中央大学理工学部 都市環境学科 教授）

鈴木　克典（北星学園大学 経済学部 経営情報学科 教授）

岡本　英晃（公益財団法人 交通エコロジー・モビリティ財団）

谷川　　武（順天堂大学 大学院医学研究科 教授）

南　聡一郎（国土交通省 国土交通政策研究所 主任研究官）

藤田　光宏（八千代エンジニヤリング株式会社 事業統括本部国内事業部道路交通部 課長）

伊藤　昌毅（東京大学 大学院情報理工学系研究科 ソーシャICT研究センター 准教授）

室町　泰徳（東京科学大学環境・社会理工学院土木・環境工学系 教授）

○公募による委員として参加した方々は下記のとおりである。

**新ブキャナン小委員会公募委員**

柳原　崇男（近畿大学 理工学部 社会環境工学科）

高砂子浩司（一般財団法人計量計画研究所）

藤垣　洋平（東京大学大学院 工学系研究科 都市工学専攻）

河野　　健（パシフィックコンサルタンツ株式会社）
高柳百合子（富山大学 都市デザイン学部）
谷本　真佑（岩手大学 理工学部）
小路　泰広（特定非営利活動法人自転車活用推進研究会 事務局次長 自転車通行空間アドバイザー 長岡技術科学大学非常勤講師）
土橋　喜人（金沢工業大学基礎教育部 修学基礎教育課程）
須永　大介（麗澤大学 未来工学研究センター）
渡邉　　健（パシフィックコンサルタンツ株式会社 交通政策部）
大谷　育樹（大日本コンサルタント株式会社 インフラ技術研究所）
田中　　厳（一般社団法人グローカル交流推進機構）
宮崎　耕輔（香川高等専門学校 建設環境工学科）
森　　和也（八千代エンジニヤリング株式会社）

○１章～６章の概要を以下に示した。

### １章　考えるべき時代背景

人口の変動（人口減少・高齢化・少子化）や気候変動と交通計画（カーボンニュートラル化を進める）、交通の新技術・新サービスの登場（交通の情報化・新技術・新サービスが人や物の移動に対し大きな、正負入り混じった影響をもたらすことは確実）など、交通に影響をもたらすの社会の大きな課題を論ずる。

### ２章　交通計画のこれまでとこれからの課題

交通計画のこれまでについては、移動の多くが派生的需要であり、地域に活動がある限り、時空間の制約のもとで移動が消えることはなく、交通計画の役割は残り続ける。

そのうえで、これからの交通計画において、移動の基本的な考え方やそもそも移動とは何か、さらに交通計画の政策の位置づけと視点や課題などを整理する。

### ３章 地域への取り組み方と新しい動き

我が国の地域交通は自動車抜きには語れない。ここでは、自動車依存のデメリットと事業者の不足という現状に対して、その対策として、①多様な手段の組み合わせや、②事業者等の協働による組織の形成によりモビリティの確保を行うこと、③さらに新たな技術への対応などを地域別に見ることである。①大都市郊外におけるモビリティの確保、②地方都市、中山間地域のモビリティ確保、③地方都市（人口低密度）における共創の事例、について論ずる。

## 4章　交通計画を支える新しい技術動向と課題

新しい技術の動向について、最近の技術における新しい交通の動きであるシェアリング、オンデマンド、ブロックチェーン、ITSとその応用的な事例を紹介するとともに、これらのシステム導入に対する社会的合意形成の住民参加と合意形成論を述べる。詳細は、①シェアリングサービスという考え方の浸透、②オンデマンド型サービスの新しい展開、③交通計画・計画技術における住民参加と情報技術等、④情報技術とモビリティサービス、⑤ITS領域の展望と社会実装、⑥自動運転技術と道路課金によるビジョンゼロ実現といった応用提案例がある。

## 5章　障害者の情報とコミュニケーションの新技術

高齢者・障害者等（以下障害者等とする）の交通とモビリティ対策は、一般の人が利用する交通サービスに対して、高齢者・障害者等が受ける交通サービスが等しいことが望まれる。ここでは、最新技術の情報が普及しつつある中で障害者が不利益を被らない観点から、①車いす使用者、②視覚障害者、③聴覚障害者･聾唖者、④発達障害、を中心に現状のICTの対策と課題を論じている。

## 6章　座談会：30年後の交通はどうなるのか？

自動車が登場し、公共交通が普及し現在に至った交通が歩んできた道をもう一度振り返り、我が国の政策、先進国の政策も確認し、これからの未来をどのような交通に変えてゆかなければならないか、変えてゆくべきなのかその歩むべき方向を考える。また最後に、交通計画において、考えるべき方向を誤らないために、キーとなる議論を対談形式でわかりやすくお伝えする。

以上の努力の結果、完成した本である。必ずしも30年後の未来を書けたわけではないが、お役に立てれば幸いである。

筆者を代表して　　小委員会委員長

秋山　哲男・中村　文彦

# 目次

## 1章 考えるべき時代背景



## 2章 交通計画のこれまでとこれからの課題



## 3章 地域への取り組み方と新しい動き



## 4章 交通計画を支える新しい技術動向と課題

## 5章 障害者の情報とコミュニケーションの新技術



## 6章 座談会 30年後の交通はどうなるのか？

# 1章

# 考えるべき時代背景

考えるべき課題として、第一に高齢化と少子化、人口減少などの人口変動が都市や交通にどのような影響をもたらすかがある。第二に喫緊の問題である地球温暖化の原因とされる$CO_2$等の排出を如何に少なくするかの環境問題がある。そして、第三は、自動運転・電気自動車・様々な情報技術など交通と深く結びついている最新機器等の実用化が起こっていること、こうした変化につれて人々の行動も大きく変化し始めていることである。

---

## 1.1› 高齢化と人口減少

### (1) 人口減少と高齢化

①人口の総数の経年変化と高齢化率の変化（図1.1.1、図1.1.2）

人口増加から減少に転じ始めた2010年に12,806万人あった日本の人口は2020年までの10年間に97万人減少し、30年後の2050年には2,614万人（20.4%）減少することが推計され、人口減少が進んでいる。同時に、1970年にはWHOで定義された高齢化社会（高齢者が7%以上）が始まった。その後、高齢者は増加し続け2020年に28.6%まで増加し、今後も増加の勢いは止まらない。そして30年後の2050年には推計値であるが37.7%まで増加する。その結果の問題は後述するが、都市、交通、生活のあらゆるところに負の影響をもたらすのが人口減少と高齢化である。

負の影響とは、フレイルなど虚弱になった高齢者や認知症などの高齢者の増加により、道路交通では歩行者と自動車の事故増加が懸念されること。また、公共交通においても鉄道・バスでは対応しきれない高齢者の足の確保、主としてタクシーやリフト付き車両などのSTサービスの供給が不可欠になる。

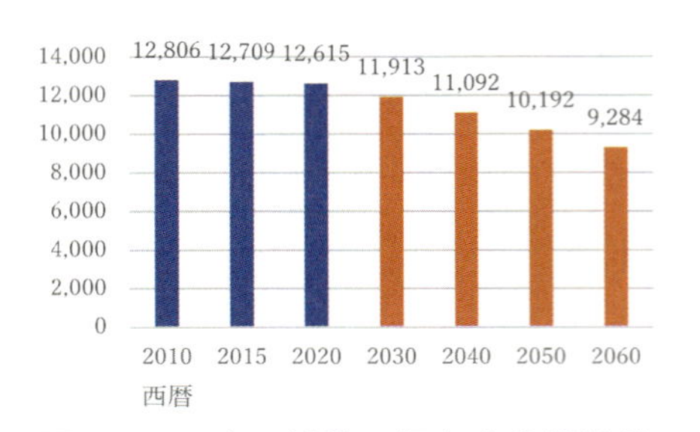


図1.1.1　人口総数の経年変化推計値

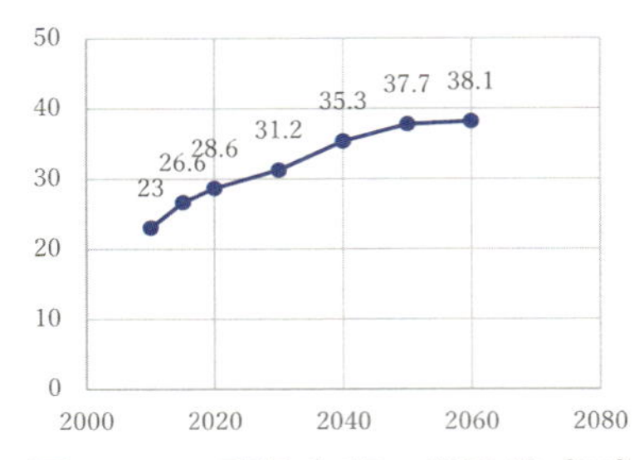


図1.1.2　高齢化率の推計値（%）

【出典】令和５年度版高齢社会白書（全体版）から秋山が作成

②合計特殊出生率の減少（図1.1.3）

人口減少の原因の一つに出生率の低下がある。厚生労働省によると2022年に一人の女性が一生の間に産む子供の数を表す「合計特殊出生率」が1.26であり、1985年の1.76から2022年まで37年間減少が続いている。人口が長期的に一定となる水準である人口置換水準は2.07であるが、我が国の合計特殊出生率の高位の推計値は1.64であり、その結果人口もかなり減少し、2050年には1億人を割り込む直前にある。

③人口減少がもたらす問題（少子化と人口減少（合計特殊出生率と政策））

以上の人口減少がもたらす「人口オーナス」により様々な箇所へ影響が出る。問題は、高齢者が多くなり生産労働人口の減少、担い手（会社や自治体など）

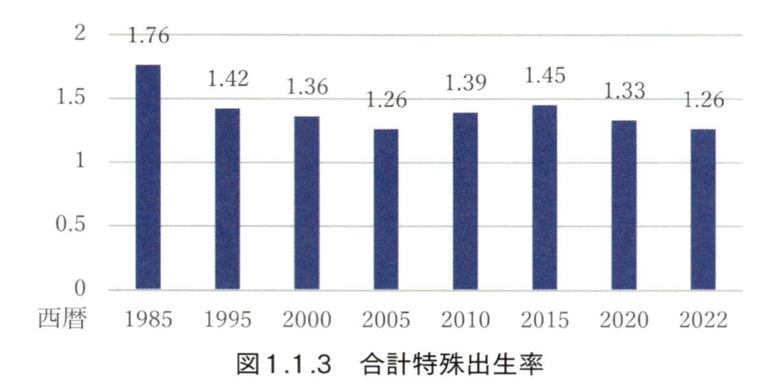


図1.1.3　合計特殊出生率

【出典】2022人口動態統計（確定数）の概況、厚生労働省から秋山が作成

の減少により社会全体の活力が失われることである。その結果、高齢者1人を何人で支えるかについては、1960年11.2人。2014年には2.4人、2060年には高齢者1人に対して現役世代が1人となる「肩車社会」になるといわれている。その結果、財源の持続可能性が脆弱になり社会保障制度の存続も危ぶまれる。その他、地方の人口が減少し基礎自治体の存続が厳しくなるとともに、大都市圏、特に東京圏への人口の流入と超高齢社会により医療・介護が受けられない事態を招きかねない。

## (2) 高齢者の心身機能

### ①平均寿命と健康寿命(図1.1.4)

寿命とは人が生まれてから亡くなるまでの期間である。平均寿命とは「0歳における平均余命」のことで、2019年の平均寿命は男性81.41歳、女性87.45歳である。これに対して健康寿命とは「健康上の問題で日常生活が制限されることなく生活できる期間」のことを言い、具体的には認知症になることなく介護も必要でない期間のことである。健康寿命を超えた不健康な期間は、男性が8年、女性が12年であり、健康寿命と平均寿命の差をできるだけ少なくすることが重要である。そのためにモビリティと交通がどのような役割を果たすかが課題である。

### ②高齢者の心身機能低下の実態・高齢者の年齢と心身機能低下の図(図1.1.5-1.1.6)

高齢者が健やかに老後を過ごすためには心身機能の低下する期間をできるだけ少なくすることが必要である。秋山弘子氏のデータ(全国無作為抽出による

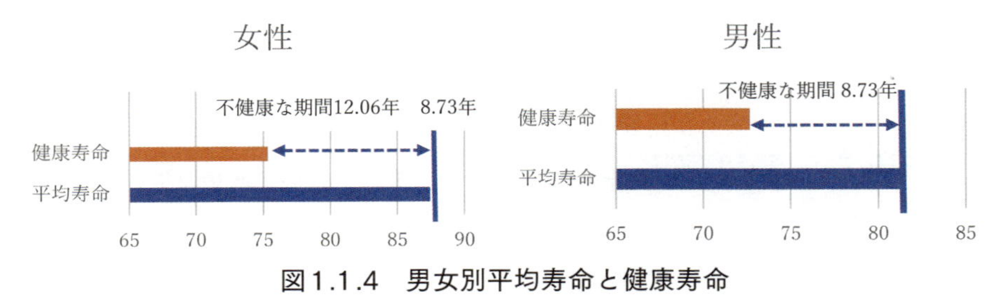


図1.1.4　男女別平均寿命と健康寿命

【出典】平均寿命と健康寿命e-ヘルスネット(厚生労働省)を参考に秋山が作成

6000人を20年間追跡調査、1987年から3年おきに同じ質問）から男性・女性の心身機能低下を説明する。

男性の場合（図1.1.5）

■自立：1割が80 ～ 90歳まで自立を維持する。

■自立度低下：7割は75歳頃までは元気だが、75歳以降に年々自立度が落ちる。

■死亡・要介護：2割の男性が70歳になる前に健康を損ねて死亡・重度の介助が必要になる。

■男性の特徴：脳卒中など疾病によって急速に動けなくなることや、死亡する人が多い。

女性の場合（図1.1.6）

■自立：70歳までは自立し、72歳以降～ 87歳頃まで年齢とともに心身機能が緩やかに衰える。

■要介護：1割の人が60代から介護が必要となる。

■女性の特徴：専ら骨や筋力の衰えによる運動機能の低下。実に9割の人たちが70代半ばから緩やかに衰える。

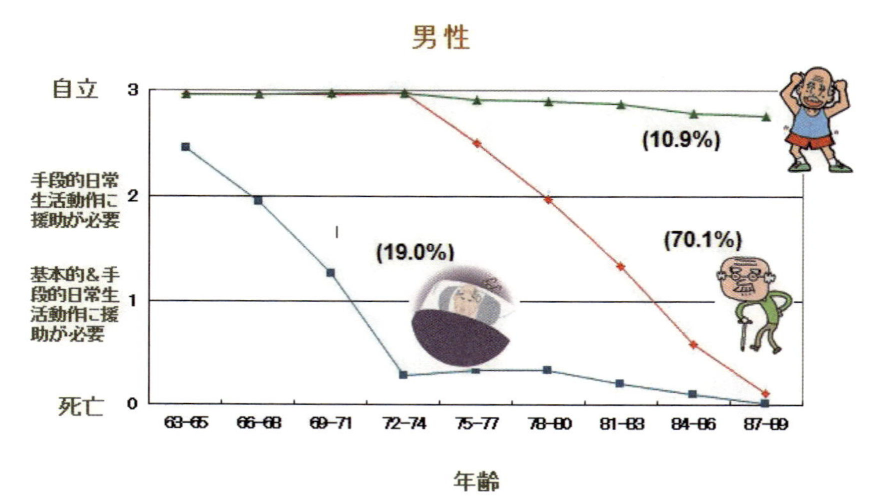


図1.1.5　男性の高齢者の年齢と心身機能低下

【出典】秋山弘子 長寿時代の科学と社会の構想『科学』岩波書店、2010

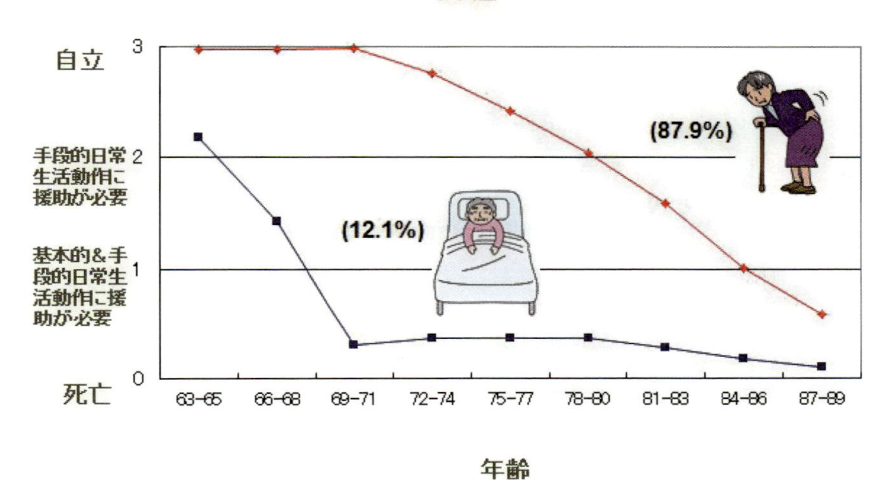


図1.1.6　女性の高齢者の年齢と心身機能低下

【出典】秋山弘子 長寿時代の科学と社会の構想『科学』岩波書店、2010

③20年間で高齢者は若返っている（図1.1.7）

1988年から2008年までの20年間で高齢者が手段的自立（交通機関の利用、日用品の買い物、預金等の出し入れなど）、知的能動性（年金の書類を書けるか、新聞・本・雑誌を読んでいるか）、社会的役割（友人訪問、家族と相談する、若い人に自分から話しかける）の3つの指標を、できている場合1点、できない場合0点とし13点満点の点数化して評価したものである。

20年間の変化は70～74歳女性の場合、1988年の13点満点中9.5点から2008年には11.5点と2点上昇している。その他の年齢層もほぼ2点上昇し、女性の場合20年間で2ポイント元気になっている。また男性の場合は、70～74歳の人は11.0点から11.5点、75～79歳も10点から10.7点、80～84歳が7.8点から9.9点とほぼ2ポイント元気になっている。

具体的には男性の1988年の75～79歳（10ポイント）は2008年の80～84歳（10ポイント）と心身機能はほぼ同じで、このデータから5年若返っていることが分かる。また女性は、75～79歳は1988年は8ポイントであったが2008年には80～84歳は8.6ポイントと5年以上若返っている。以上から男女とも20

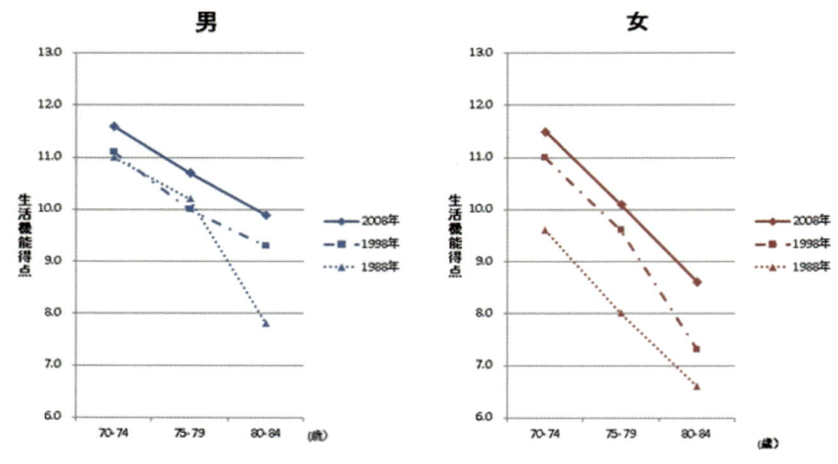


図1.1.7　高齢者の20年間の年齢別心身機能低下指標

【出典】鈴木隆雄他「日本人高齢者における身体機能の縦断的・横断的変化に関する研究」 第53巻第4号「厚生の指標」2006年4月 p1-10

年前に比べ5年以上若返っていることが分かる。

## (3) 高齢者の心身機能低下と地域社会・交通への影響

○高齢者はどの年齢層を対象とすべきか・交通安全（交通事故率が高い）高齢者の交通事故の図（図1.1.8）

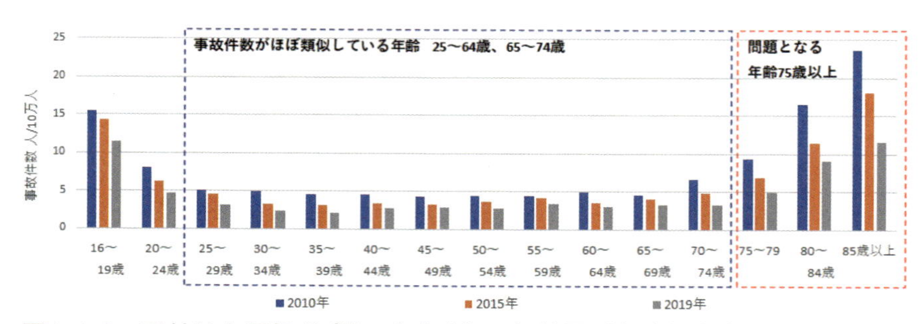


図1.1.8　原付以上運転者（第1当事者）の年齢層別免許保有者10万人当たり死亡事故件数の推移

【出典】高齢者の運転は危険なのか、企画調整室（調査情報担当室）星 正彦、経済のプリズム No187 2020.5の図表4の数字を基に秋山・北野が作成

年齢層別免許保有者 10 万人当たりの死亡事故件数から、前期高齢者の事故件数は25 ～ 64歳の年齢層と変わらないとともに、16 ～ 24歳の年齢層より少ない。しかし75歳以上の高齢者については明らかに事故件数が多く、何らかの対策をする必要性がある層である。

特に後期高齢者に関しては、75歳と85歳の事故件数の比は2010年には2.5倍（9件➡23件）で、2019年には2.4倍（5件➡12件）であるが事故件数は実数では半減している。

高齢ドライバーの死亡事故は免許返納や免許更新時の高齢者講習等の対策により10年間で減少したとはいえ、2019年の10万人当たりの死亡事故件数が、青壮年層（25 ～ 64歳）の3 ～ 4件に対して75歳以上は5 ～ 12件と2 ～ 3倍あることから、75歳以上の後期高齢者ドライバーの安全対策は重要性が高い。また同時に16 ～ 19歳も対策の重要性は高い。

## (4) 高齢者・障害者のモビリティ対策の歴史的経緯と考え方の変遷

①欧米・日本のSTサービスの交通政策（欧米1970 ～ 2000年）（表1.1.1）

主として、タクシー、STサービス（高齢者・障害者専用の交通サービス）を中心に政策をまとめると、運輸系については、スウェーデン、英国、米国は1970年代にはかなりの制度設計が完成に近い状態であったが、日本は殆ど対応してこなかった。

米国では1970年代から地方自治体や社会福祉事業が行うパラトランジット（障害者・高齢者の交通サービス）の計画・運行・車両の購入に対して連邦政府の財源の補助が開始された。そして、1990年にはADA（障害を持つアメリカ国民法）の中に取り込みパラトランジットのガイドラインとして位置付けられた。対象者は公共交通サービス（バス・鉄道）が利用できない人である。

スウェーデンは1960年代にはボランティア中心であったが、1970年代後半にはすべての自治体でSTサービスの運営を行っていた。自治体の責任で、タクシー会社・交通事業者と契約し障害者・高齢者の輸送を行っていた。さらに1980年代にはSTサービスの利用を減らすために、サービスルートの開発（日本のコミュニティバスに類似）、デマンド交通の開発を行った。

英国は初期にボランティアの規制を緩和し運賃の収受や保険代、ガソリン代

表1.1.1　欧米・日本の高齢者・障害者専用の交通サービスの政策

| 国 | 西暦 | 交通政策 |
| --- | --- | --- |
| 米国 | 1964年 | 公民権法（連邦政府の財政援助を受けるプログラムや活動において、人種、肌の色、出身国に基づく差別から人々を保護、差別のない交通サービスを提供） |
| | 1973年 | 米国運輸省：リハビリテーション法（連邦政府の財源補助のある交通は障害者のモビリティを確保しなければならない） |
| | 1974～78年 | 米国運輸省：都市大量輸送法<br>・高齢者、障害者専用のSTサービスに財源の補助を規定した<br>・すべての人が①大量輸送交通を利用でき、②STサービスの利用が可能 |
| | 1990年 | ADA（障害を持つアメリカ国民法）：差別を禁止し、障害者の機会均等とアクセスを保証、パラトランジット（障害者の送迎システム）のマニュアル作成 |
| スウェーデン | 1975年 | すべての自治体でSTサービス整備法を持つ |
| | 1979年 | 公共交通における障害者の施設へのアクセスに関する法律（公共交通を10年以内にアクセシブルにすることを決定した法律） |
| | 1984年 | サービスルートの開発（ノンステップ車両、100mで一か所程度の停留所） |
| | 1990年 | 障害者・高齢者向けデマンド交通（ミーティング・ポイントを設定し事前予約し100～150m歩いて利用） |
| 英国 | 1981年 | 公共旅客車両法（1977年ミニバス法、1978年公共交通法）ボランティア運転手が運賃を収受し自家用車で送迎を可能とした |
| | 2000年 | すべてのロンドンタクシーを2000年までにアクセシブル（スロープ等の整備）にすること |
| 日本 | 2006年 | 国土交通省：福祉有償運送創設 |
| | 2015年 | 障害者等の移動の支援（移動系障害福祉サービス等） |

を利用者から徴収することを1977年から認めている（日本は30年遅れて2006年から始めた）。その後、行政がボランティア団体と契約し運行するケースへと移行し、ボランティア団体が交通事業者へと変化していった。

日本は、欧米の手厚い行政施策に対して、2006年に「福祉有償運送」により役所の運営委員会を通すことによりボランティア団体がタクシー運賃の半額を収受し、1種免許でも運転してよいとされた。また、厚生労働側では、障害者に限定した「移動支援と介護を一体的に提供する必要がある一定程度以上の重度障害者」については、同行援護、重度訪問介護、居宅介護などに関連した移動は行政が行ってきた。日本の場合、厚生労働省で重度障害者と規定された人の移動の場合、あるいは法律で規定されてない移動制約者の移動が保障されていない。米国のADA（障害を持つアメリカ国民法）で規定された移動制約者は、モビリティが保障されている。例えば、鉄道などから1200メートル以内で、鉄道に乗れない場合はパラトランジットを鉄道運賃の2倍を超えない運賃で利用できることが保障されている。

②公共交通のバリアフリーに関する交通政策（**表1.1.2**）

我が国の運輸政策は、運賃を割り引くことや公共交通を利用できるようにバリアフリー（鉄道駅のエレベーター、エスカレーターの整備、バスのリフト化）から始まった。政策的には1981年の運輸政策審議会で「交通弱者」が位置付けられてから始まった。その後、1983年に「公共交通ターミナルにおける身体障害者用施設整備ガイドライン」（施設整備のガイドライン）、1990年「心身障害者・高齢者のための公共交通機関車両構造に関するモデルデザイン」（車両のガイドライン）により政策の基本が作られ、2000年の「交通バリアフリー法」、そして2006年の「高齢者、障害者等の移動等の円滑化の促進に関する法律」により現在の建築物・交通を考えたバリアフリー法の基礎が形作られた。

1）バリアフリーの対象者と施設の拡大：2006年の「高齢者、障害者等の移動等の円滑化の促進に関する法律」は交通・道路に加え建築物・公園などが対象施設に加わるとともに、身体障害者・高齢者に加え、発達・精神・知的障害者が加わった。

2）共生社会や心のバリアフリーなどソフト的対策の具体化：2018年12月

表1.1.2　日本の交通政策と対策の歴史的経緯

| 西暦 | 公共交通の制度等 |
|---|---|
| 1950年 | 身体障害者運賃割引方（国鉄） |
| 1952年 | 身体障害者運賃割規定（国鉄・バス等） |
| 1981年 | 運輸省：運輸政策審議会：交通弱者のための交通施設整備（交通弱者を政策に入れた） |
| 1983年 | 運輸省：公共交通ターミナルにおける身体障害者用施設整備ガイドライン |
| 1990年 | 運輸省：心身障害者・高齢者のための公共交通機関車両構造に関するモデルデザイン |
| 1994年 | 建設省：ハートビル法（高齢者・身体障害者が円滑に利用できる特定建築物の促進に関す法律） |
| 2000年 | 運輸省：交通バリアフリー法 |
| 2001年 | 旅客施設・車両に関する移動円滑化整備ガイドライン |
| 2006年 | 国土交通省：バリアフリー法制定：ハートビル法と交通バリアフリー法を統合・拡充（高齢者、障害者等の移動等の円滑化の促進に関する法律） |
| 2014年 | ※日本は「障害者の権利に関する条約」を締結 |
| 2016年 | ※障害を理由とする差別の解消の推進に関する法律が施行 |
| 2018年 | 国土交通省：バリアフリー法改訂（高齢者、障害者等の移動等の円滑化の促進に関する法律） |
| 2019年 | ※道路の移動等円滑化に関するガイドライン |
| 2021年 | バリアフリー法改正（バリアフリー整備ガイドライン旅客施設編・車両編・役務編） |

※権利条約に関連する法律

のユニバーサル社会実現推進法の公布・施行やオリパラ東京大会を契機とした共生社会実現に向けた機運醸成等を受け、「心のバリアフリー」に係る施策などソフト対策等の強化が行われた。具体的には、共生社会（2020年）ユニバーサルデザイン2020行動計画（2017年2月ユニバーサルデザイン2020関係閣僚会議決定）、当事者による評価会議の設置（2021年）などが進んだ。

③考え方の変遷（バリアフリー、ユニバーサルデザイン、権利条約、社会モデル）

●バリアフリー：障害のある人が社会生活をしていく上で障壁（バリア）となるものを除去するという意味で、1974年6月、バリアフリーデザインに関する国連の専門家会議（国連障害者生活環境専門家会議）において、報告書『バリアフリーデザイン』が作成された。より広く、障害者の社会参加を困難にしている**社会的、制度的、心理的なすべての障壁の除去**という意味でも用いられる

●ユニバーサルデザイン：年齢、性別、文化の違い、障害の有無によらず、誰にとってもわかりやすく、使いやすい設計のことを指す。ユニバーサルデザインは1980年代、アメリカの**ロナルド・メイス**によって提唱された。

●権利条約・社会モデル：障害の社会モデルとは「障害」は個人の心身機能の障害と社会的障壁の相互作用によって創り出されているものであり、**社会的障壁を取り除くのは社会の責務であるとする考え方**。障害者とは、社会の障壁によって能力を発揮する機会を奪われた人々と考える。たとえば、駅で電車に乗るとする。車いすを使って階段を上れずに電車に乗れないのは、エレベーターがないという障壁のためであり、このようなことが社会によって能力を発揮する機会を奪われるということ。医学モデルは「障害」が個人の心身機能の障害によるものとする考え方である。

# 1.2> 交通計画と気候変動

## (1) はじめに

地球の気温は上昇している。**図1.2.1～2**は日本と世界の年平均気温偏差の経年変化を表している[1)]。2023年の日本の平均気温の基準値（1991～2020年の30年平均値）からの偏差は＋1.29℃、世界の偏差は＋0.54℃となり、図中で最も高い値を示している。**図1.2.3**は代表的な温室効果ガスである$CO_2$の大気中の世界平均濃度の経年変化を表している[1)]。大気中の$CO_2$濃度も上昇している。後者が前者の主な要因となっているという仮説は膨大な研究成果によって支持されているが、それでもこの点に疑いを唱える研究者もいる（例えば、参考文献2)）。「生物や化学の対照実験」のような実験を行うことが不可能である[3)]ため、そのレベルで仮説を完全に肯定することはできないし、また、否定することもできない。気候変動に関する政府間パネル（Intergovernmental

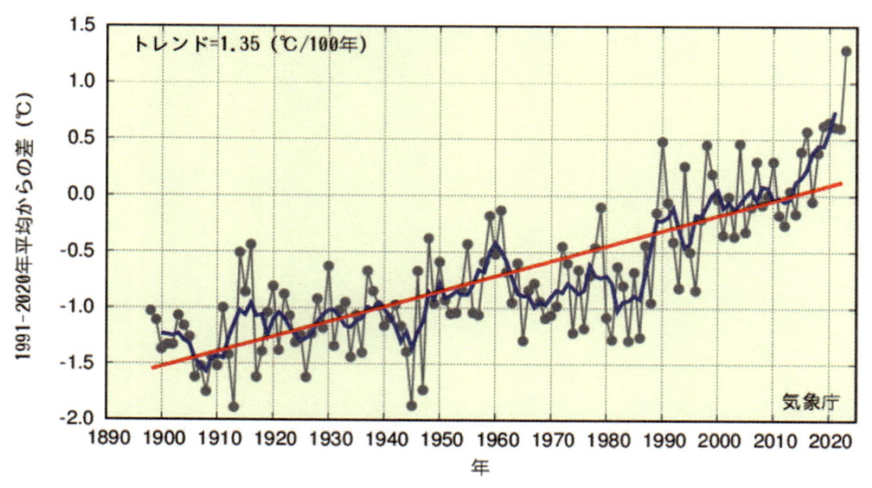


注）偏差の基準値は1991-2020 年の30 年平均値。細線（黒）は、国内15観測地点での各年の値（基準値からの偏差）を平均した値を示している。太線（青）は偏差の5年移動平均値、直線（赤）は長期変化傾向（この期間の平均的な変化傾向）を示している。

図1.2.1　日本の年平均気温偏差の経年変化（1898-2023年）[1)]

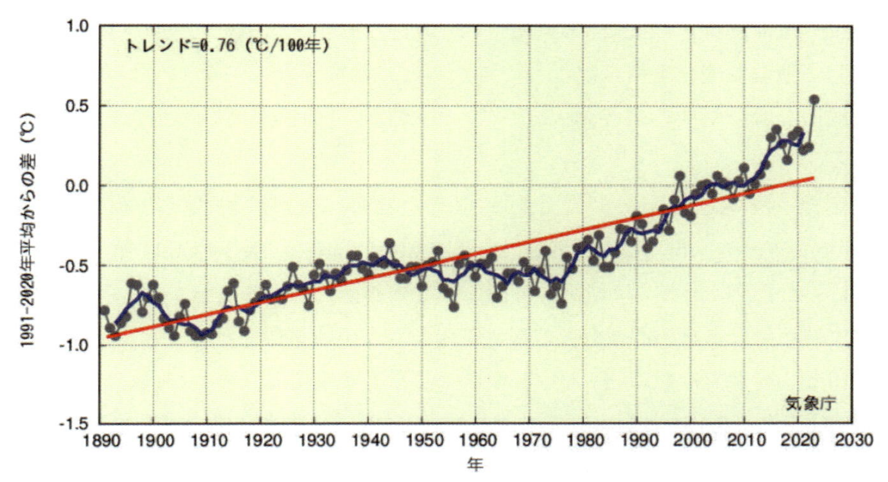


注）偏差の基準値は1991-2020年の30年平均値。細線（黒）は各年の値（基準値からの偏差）を示している。太線（青）は偏差の5年移動平均値、直線（赤）は長期変化傾向（この期間の平均的な変化傾向）を示している。

図1.2.2　世界の年平均気温偏差の経年変化（1891-2023年）[1)]

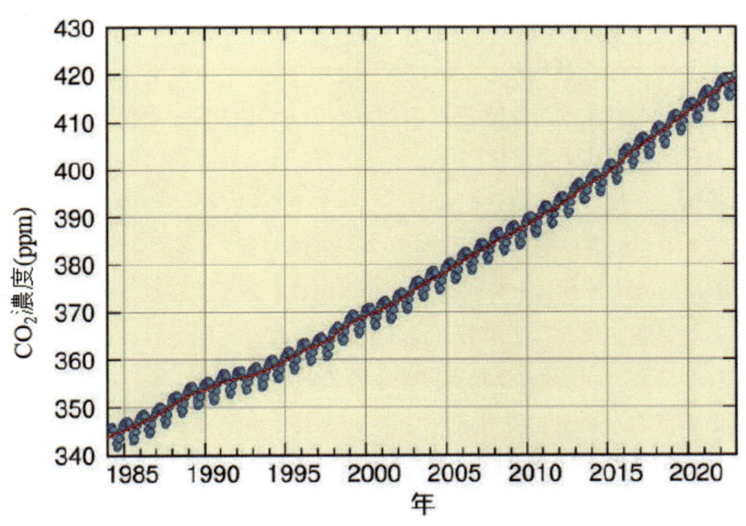


注）温室効果ガス世界資料センター（WDCGG）が収集した 観測データ から作成した大気中の$CO_2$の月別の世界平均濃度（青丸）と、季節変動成分を除いた濃度（赤線）を示す（WMO, 2023）。算出方法はWMO（2009）による。解析に使用したデータの提供元はWMO（2024）に掲載されている。

図1.2.3　大気中の$CO_2$の世界平均濃度[1)]

Panel on Climate Change（IPCC））は「人間活動が主に温室効果ガスの排出を通して地球温暖化を引き起こしてきたことには疑う余地がな」いと述べつつ、気温の上昇に対する寄与の大きさについては「可能性が高い（likely）」としている[4)]。

この点を意思決定の問題として捉えた場合、気候変動枠組条約（United Nations Framework Convention on Climate Change（UNFCCC））第3条3.に掲げられた「深刻な又は回復不可能な損害のおそれがある場合には、科学的な確実性が十分にないことをもって、このような予防措置をとることを延期する理由とすべきではない。」[5)]、いわゆる予防原則が重要となる。膨大な研究成果が「可能性が高い」としているおそれに対して、「生物や化学の対照実験」のような実験を行うことが不可能という理由から何もしないことを選択することが妥当であろうか？　将来の世代は、そのような選択を評価してくれるであろうか？

さて、気候変動（climate change）への対策としては、大きく緩和策（mitigation）と適応策（adaptation）がある。緩和策は「温室効果ガスの排出量を削減したり、吸収源を増やしたりするための人間による介入。」[4)]と定義され、一般にガソリン等を燃料とした内燃機関（エンジン）乗用車の代わりに自転車を使用することは主な温室効果ガスである$CO_2$の排出量の削減につながるし、植林は吸収源を増やすことにつながる。一方、適応策は「人間のシステムでは、損害を緩和したり有益な機会を利用したりするために、実際の、または予想される気候とその影響に適応するプロセス。自然のシステムでは、実際の気候とその影響に適応するプロセス。人間の介入により、予想される気候とその影響への適応が促進されることがある。」[4)]と定義され、海面上昇に備えた防潮堤が典型的な例である。また、「相互接続された社会、経済、生態系のシステムが危険な出来事（hazardous event）、傾向、または混乱に対処し、その基本的な機能、アイデンティティ、および構造を維持する方法で対応または再編成する能力。適応、学習、および/または変革の能力を維持する場合、レジリエンスは肯定的な属性である。」[4)]と説明されるレジリエンス（resilience）の向上を適応策の目標とする場合もある。既にある程度の気候変動の影響が避けられない状況にあるとすれば、適応策は必要な対策であるが、紙面の都合上、ここではより本質的な温室効果ガスの排出量の削減を目標とした緩和策に焦点を当てていきたい。

## (2) 日本の運輸部門の$CO_2$排出量

日本は気候変動枠組条約下のパリ協定に従って、「2050年カーボンニュートラルと整合的で、野心的な目標として、我が国は、2030年度において、温室効果ガスを2013年度から46%削減することを目指す。さらに、50%の高みに向け、挑戦を続けていく。」から始まる国が決定する貢献（Nationally Determined Contribution（NDC））を2021年に国連に提出しており、2050年にカーボンニュートラルとすることを公約としている[6]。また、NDCには2030年度の部門別目標・目安も明記されており、運輸部門のエネルギー起源$CO_2$は2013年度224百万t-$CO_2$から2030年度146百万t-$CO_2$に、約35%削減することとなっている。**図1.2.4**は、2022年度における日本の電気・熱配分後の部門別$CO_2$排出量を示したものである[7]。**図1.2.4**では、図の内側のエネルギー転換32.6%、例えば火力発電所からの$CO_2$排出量が図の外側の各部門に電力消費量

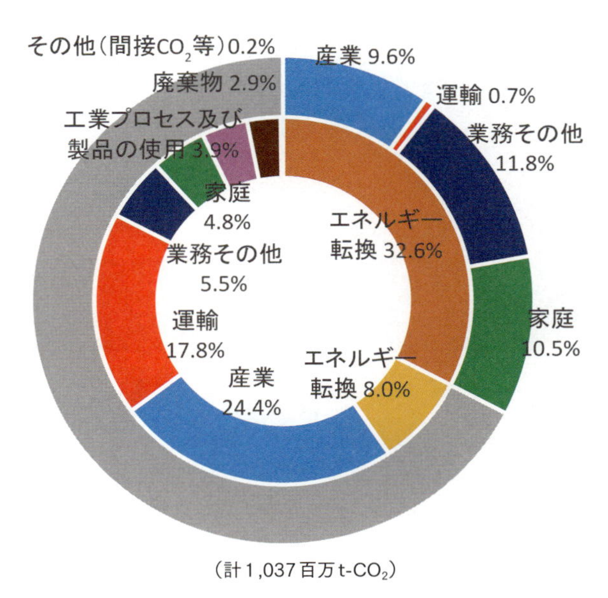


図1.2.4　日本の部門別$CO_2$排出量（2022年度）[7]

に応じて配分されている。運輸部門では電力消費量が非常に少ないのに対して、産業、業務その他、家庭部門では電力消費量が多く、火力発電所等からの$CO_2$排出量として反映されている。運輸部門の$CO_2$排出量はエネルギー転換外の部分が圧倒的に多く、内燃機関におけるガソリンや軽油等の燃料燃焼時に排出する$CO_2$の多さを表している。

**図1.2.5**は、運輸部門における輸送機関別$CO_2$排出量を示している[7]。運輸部門では、2022年度192百万t-$CO_2$を排出しており、自動車、鉄道、船舶、航空がそれぞれ約85％、4％、5％、5％を占めている。旅客と貨物の割合は58％、42％となっている。旅客自動車、すなわち乗用車が約46％と最大の割合となっており、貨物自動車が約38％とこれに続いている。もちろん2050年カーボンニュートラルのためには鉄道、船舶、航空の$CO_2$排出量を0とすることも必要であるが、その割合からみて自動車、特に乗用車の$CO_2$排出量を0とすることが最大の課題となっている。なお、**図1.2.5**における船舶と航空は国内のみである。国際船舶と国際航空の国際バンカー油からの$CO_2$排出量それぞれ16百万t-$CO_2$、15百万t-$CO_2$も算定されているが、国の排出量には含まれないこととなっている。

**図1.2.6**は日本の輸送機関別輸送量当たりの$CO_2$排出量を表している[8]。貨物では自家用貨物車の値が非常に大きく、次に営業用貨物車となっている。旅客では、自家用乗用車の値が大きい。鉄道は貨物でも旅客でも値が1番小さく

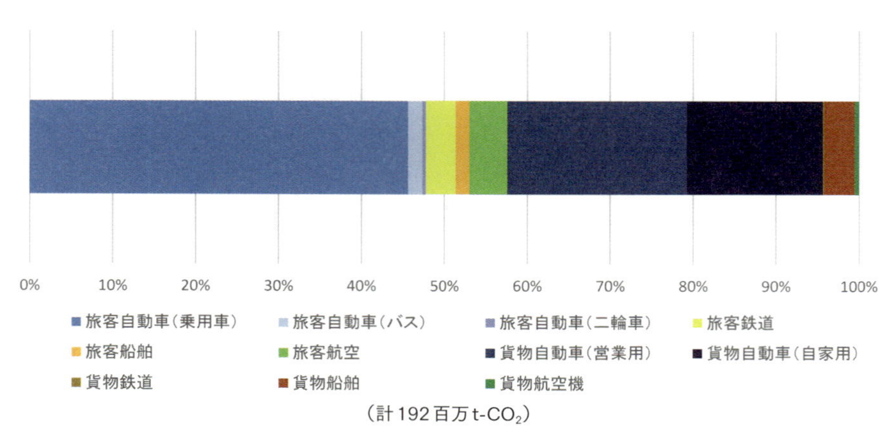


図1.2.5　日本の輸送機関別$CO_2$排出量（2022年度、電気・熱配分後）[7]

なっている。これらは、$CO_2$排出量削減手段の1つとして旅客では鉄道やバスなどの公共交通機関（と**図1.2.6**には示されていないが自転車や徒歩）、貨物では鉄道や船舶へのモーダルシフトが挙げられる根拠となっている。

もっとも**図1.2.6**は日本全体の輸送量当たりの$CO_2$排出量の平均を示しており、個別の状況では輸送量当たりの$CO_2$排出量が**図1.2.6**の値よりも大きくなったり小さくなったりする。例えば、公共交通機関の場合、乗車人員が非常に少なければ輸送量当たりの$CO_2$排出量は大きな値となる[9]。乗用車の場合、通常のガソリン等を燃料とした内燃機関乗用車を用いれば、走行段階（Tank to Wheel）における輸送量当たりの$CO_2$排出量は約128 g-$CO_2$/人kmであるが、電気自動車（Battery Electric Vehicle（BEV））を用いれば、走行段階における輸送量当たりの$CO_2$排出量は0となる。しかし、BEVは発電段階等における$CO_2$排出量が想定されることから、**図1.2.7**に示すように燃料採掘から燃料供給段階まで（Well to Tank）を考慮に含めた$CO_2$排出量、すなわちWell to Wheel $CO_2$排出量による比較検討が求められている。さらに、素材から車体製造段階、廃棄段階までを考慮に含めたLife Cycle Assessment（LCA）$CO_2$排出量による検討も行われている[10]。

Well to Wheel $CO_2$排出量にしてもLCA $CO_2$排出量にしても、カーボンクレ

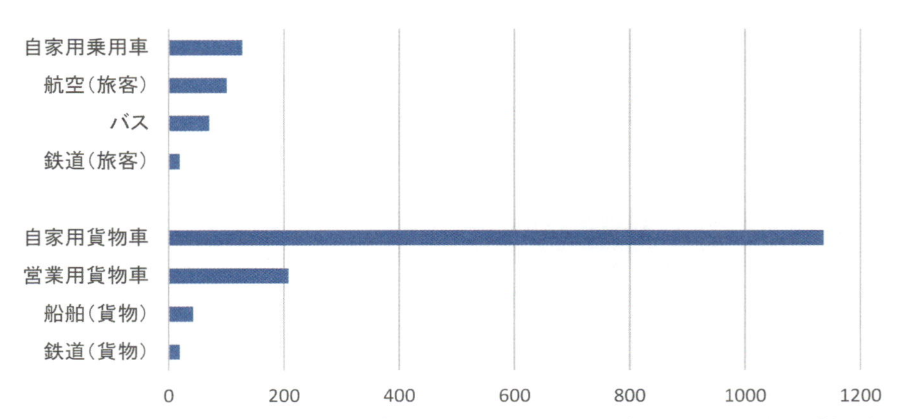


注）温室効果ガスインベントリオフィス：「日本の温室効果ガス排出量データ」、国土交通省：「自動車輸送統計」、「内航船舶輸送統計」、「鉄道輸送統計」より、国土交通省環境政策課作成

**図1.2.6　日本の輸送機関別輸送量当たりの$CO_2$排出量**
（2022年度、旅客：g-$CO_2$/人km、貨物：g-$CO_2$/tkm）[8]

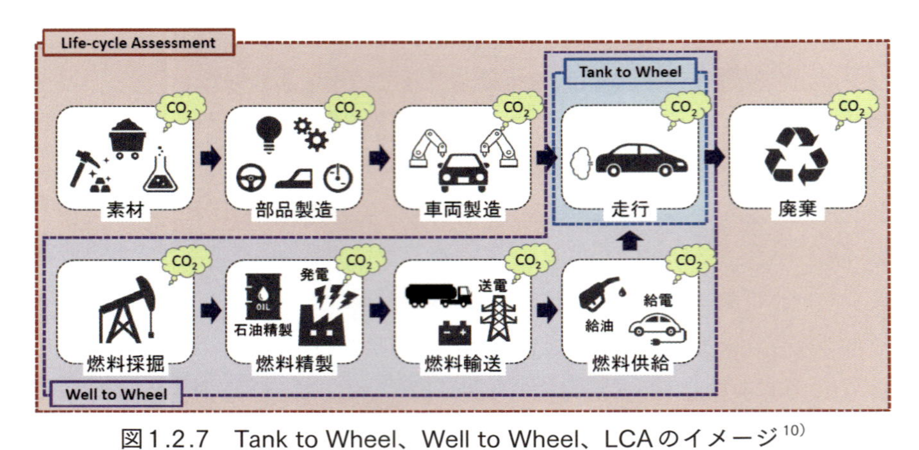


図1.2.7　Tank to Wheel、Well to Wheel、LCAのイメージ[10)]

【出典】各自動車メーカーや公的資料をベースにみずほ情報総研作成。

ジットを用いずにカーボンニュートラルを達成するためには、BEVには再生可能電力などのカーボンニュートラル電力、ガソリン等を燃料とした内燃機関乗用車にはバイオ燃料等のカーボンニュートラル燃料が必要となる。

## (3) 2050年カーボンニュートラルに向けて

2050年カーボンニュートラルの世界とはどのような世界であろうか？　$CO_2$排出量0が基本となるので、他の場所での排出削減によるカーボンクレジットは存在しない。もし、化石燃料起源の$CO_2$を排出しようとすれば、DACCS（Direct air carbon dioxide capture and storage）やBECCS（Bioenergy with carbon dioxide capture and storage）などの吸収によるクレジットの購入と組み合わせる必要がある。JST低炭素社会戦略センターによる試算では、国内における前者のコストは36,700円/t-$CO_2$となっている[11)]。ガソリン排出原単位2.322t-$CO_2$/kLを用いると85.2円/Lとなる。2050年に如何なるコストが実現しているか予想は難しいが、カーボンニュートラルの手段として、吸収によるカーボンクレジットの利用も視野に入れる必要がある。

EUは、2023年3月、2035年以降もカーボンニュートラル燃料を利用する内燃機関乗用車の販売を認め、それまでの販売禁止の方針を転換した。日本自動車工業会は、多様な選択肢、マルチパスウェイ（全方位戦略）の必要性を強調している。大気汚染に悩む国や都市においては、カーボンニュートラル燃料に変えるだけでは解決策にならないなど、カーボンニュートラル以外の問題にも配慮しなければならない。一方、国際エネルギー機関（International Energy Agency（IEA））は、2023年の世界のEV（BEVとPlug-in Hybrid Electric Vehicle（PHEV））販売台数は1,400万台に近づいた（乗用車新車の18％）と報告している[12]が、2022年の世界の四輪乗用車保有台数11億6,322万台と比較すればごくわずかである。既存の内燃機関乗用車を対象としたカーボンニュートラルの手段が必要であることも事実である。

2022年、IPCCは第6次評価報告書（第3作業部会）の中で、低炭素輸送技術のためのエネルギー経路を示している（**図1.2.8**）[13]。**図1.2.8**は、運輸部門に

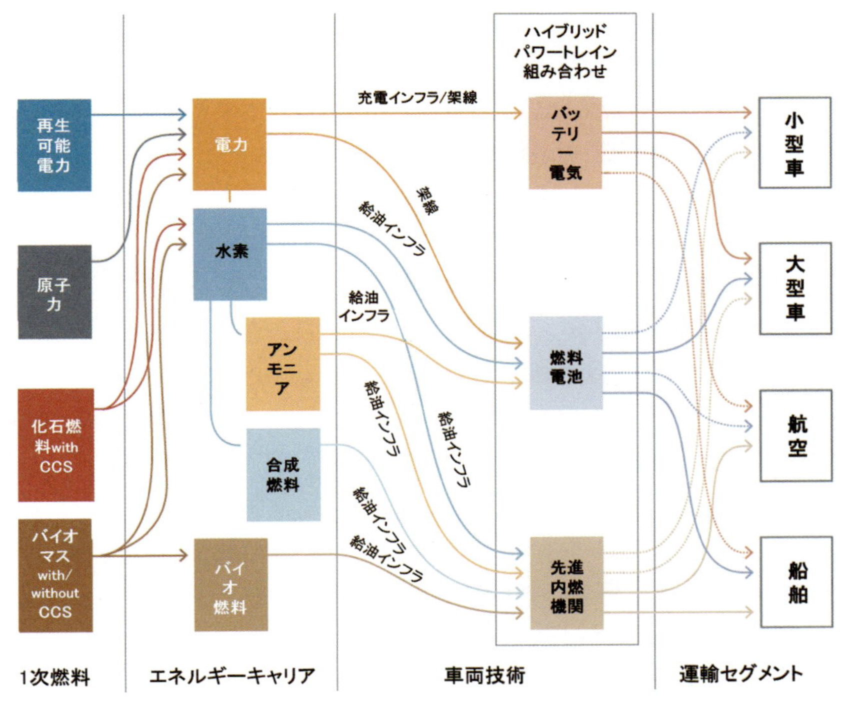


注）一次エネルギー源は左端に表示され、運輸システムのセグメントは右端に表示されている。エネルギーキャリアと車両技術は真ん中に表示されている。一次経路は実線で示され、二次経路は破線で示される。

**図1.2.8　低炭素輸送技術のためのエネルギー経路**[13]

焦点を当てているが、建物部門にもおよそ当てはめることができる。マルチパスウェイとは言え、現時点では1次燃料は4種類、エネルギーキャリアは5種類にほぼ限定される、ということがわかる。

交通計画の視点から考えれば、2050年における乗用車のX％がEV、Y％が燃料電池車、（100－X－Y）％が先進内燃機関車となり、それぞれの走行距離に応じて、EVには再生可能電力などのカーボンニュートラル電力、燃料電池車にはカーボンニュートラル電力を利用した水電解などにより生産された水素、先進内燃機関車には水素、アンモニア、合成燃料、バイオ燃料（そして、**図1.2.8**では省略されているが吸収によるクレジットの購入と組み合わせた化石燃料）といったカーボンニュートラル燃料が供給されるよう計画しなければならない。なお、工場や火力発電所で化石燃料を燃焼した後、回収した$CO_2$から合成燃料を生産する場合、元々の化石燃料が吸収によるクレジットの購入と組み合わせられていなければカーボンプラスとなる点[14]に注意が必要である。

さて、交通インフラの一部としてどこに供給拠点を整備するか？　カーボンニュートラル燃料では、充填時間が短いことから、ガソリンスタンドと同じ、あるいは類似したステーションを整備することとなる。カーボンニュートラル水素は、さらにカーボンニュートラルポートを通じて海外から輸入し、共同溝などを活用したパイプラインで供給拠点へと運ぶことも検討されている[15]。一方、充電時間が長いカーボンニュートラル電力では、車庫や駐車場なども供給拠点となる。実際、過去の調査では約80％が主に車庫で充電すると回答[16]しており、東京都は2025年より新築マンションに対してEV充電器の設置を義務付けることとなっている。

近年では、太陽光発電の普及により、深夜よりも昼間において電力供給が需要を上回り、出力制御を行うケースが増えている。昼間の電力需要を増やす手段の1つにEVの充電が考えられるが、EVが昼間駐車している附置義務駐車場や公共駐車場などに充電器が無ければ充電できない。EVの普及台数に応じて、空いている駐車場に充電器を設置して、駐車需要の喚起を行うことも考えられる。

さらに進んで、附置義務駐車場に充放電器を設置すれば、駐車しているEVを当該建物の電気設備の一部として活用することも可能となる。住宅では

V2Hとして普及しているように、オフィスビルでも太陽光発電によるカーボンニュートラル電力を昼間に充電して夜間に放電するための充放電設備として、また、ピークカットを行うための放電設備として活用すれば、建物側のコスト削減につながり、一部をEV保有者に還元することもできる。昼間に使用していない社用車EVであれば駐車中に充放電制御を建物側に預けることは容易であろう。

公共駐車場の場合は、やや高度になるが、周辺に交通関連協議会などが存在すれば、スマートグリッド地区を設定し、同様なことが可能となろう。一般EV保有者が充放電制御を建物側に預けることの合意もEVと連携したスマホアプリを用いれば遠隔で難なく実行できると考えられる。公共駐車場に限らず、このような供給拠点整備を公共のイニシアティブで進めることも検討に値する。

もちろん、乗用車の走行距離を削減することも重要であり、徒歩、自転車、公共交通利用の促進は重要である。IPCCも指摘しているように[13)]、平均乗車人員の高い鉄道は圧倒的に低炭素で安価な交通手段である。さらに、日本では既にカーボンニュートラルを達成している鉄道等路線が複数あり、当該路線内を行き来する限り$CO_2$排出量は0となる。このような鉄道等路線の存在を知らしめるためにも、沿線に都市機能や居住を一段と誘導するカーボンニュートラルTOD（Transit oriented development）の推進も検討に値するであろう。


### 参考文献

1） 気象庁，気候変動監視レポート2023　世界と日本の気候変動および温室効果ガス等の状況，2024
2） スティーブン E.クーニン（三木俊哉訳），気候変動の真実　科学は何を語り，何を語っていないのか？，日経BP，2022
3） 明日香壽川・河宮未知生・高橋潔・吉村純・江守正多・伊勢武史・増田耕一・野沢徹・川村賢二・山本政一郎，地球温暖化懐疑論批判（http://www.cneas.tohoku.ac.jp/labs/china/asuka/_src/sc362/all.pdf），2009
4） IPCC, CLIMATE CHANGE 2023 Synthesis Report，2023
5） 環境省，気候変動に関する国際連合枠組条約（https://warp.da.ndl.go.jp/info:ndljp/pid/12301726/www.env.go.jp/earth/cop3/kaigi/jouyaku.html）（2024年9月25日 アクセス）

6) UNFCCC, Japan's Nationally Determined Contribution (NDC), Nationally Determined Contributions Registry (https://unfccc.int/sites/default/files/NDC/2022-06/JAPAN_FIRST%20NDC%20%28UPDATED%20SUBMISSION%29.pdf)(2024年7月26日アクセス)
7) 国立環境研究所，日本の温室効果ガス排出量データ(1990～2022年度)(確報値)(https://view.officeapps.live.com/op/view.aspx?src=https%3A%2F%2Fwww.nies.go.jp%2Fgio%2Farchive%2Fghgdata%2Fpi5dm3000010bn3l-att%2FL5-7gas_2024_gioweb_ver1.0.xlsx&wdOrigin=BROWSELINK)(2024年9月29日アクセス)
8) 国土交通省，運輸部門における二酸化炭素排出量(https://www.mlit.go.jp/sogoseisaku/environment/sosei_environment_tk_000007.html)(2024年9月29日アクセス)
9) 加藤博和，交通分野へのライフサイクルアセスメント適用，IATSS Review，Vol. 26，No. 3，pp.205-212，2001
10) 環境省，税制全体のグリーン化推進検討会 第2回配布資料 自動車による排出量のバウンダリに係る論点について(https://www.env.go.jp/policy/%E3%80%90%E8%B3%87%E6%96%99%EF%BC%92%EF%BC%8D%EF%BC%92%E3%80%91%E8%87%AA%E5%8B%95%E8%BB%8A%E6%8E%92%E5%87%BA%E9%87%8F%E3%81%AE%E3%83%90%E3%82%A6%E3%83%B3%E3%83%80%E3%83%AApptx.pdf)(2024年9月29日アクセス)，2020
11) JST低炭素社会戦略センター，二酸化炭素のDirect Air Capture(DAC)法のコストと評価，LCS-FY-2019-PP-07，2020
12) IEA, Global EV Outlook, IEA, 2024
13) IPCC, CLIMATE CHANGE 2022 Mitigation of Climate Change, 2022
14) アーサー・ディ・リトル・ジャパン，カーボンニュートラル燃料のすべて，日経BP，2023
15) 資源エネルギー庁，水素基本戦略の概要，2023
16) 田頭直人・池谷知彦，電気自動車・プラグインハイブリッド車の利用実態と利用者意識 調査報告：Y12029，電力中央研究所，2013

# 1.3> 交通の新技術・新サービスの登場

## (1) さまざまな新技術・新サービスとその特性

交通に直接的に関係する・しないに関わらず、情報通信技術（ICT：Information and Communication Technology）の発展とそれを活用したサービスの普及が目覚ましい。すでに登場し定着している、あるいは近い将来の登場や普及が予見されるそれらは人の生活や行動に影響を及ぼし、ひいては交通計画に大きな変革を要請している。

各種の消費行動において「所有から利用へ」というトレンドが見られることは昨今しばしば指摘される。モビリティについてもそれは例外ではない。本節では、さまざまに存在する交通手段・交通サービスを「所有」の色彩が強いものから「利用」の色彩が強いものまで**表1.3.1**のように並べた上で、それぞれの特性を整理してみる。

### 車両の保有とシェアリング

車両を保有して使うか、他者とシェアして使うかの観点から見ると、車両を購入するかリースし長期にわたり占有して使うのは「所有」の最たるものと捉えられる。次いで「所有」的なのは、世帯で保有する車両を家族で共用したり、さほど一般的とは思われないが友人などと車両を共同購入して利用したりする形態であろう。また、事業者が保有する車両を有償で借りて使用するレンタカー、レンタサイクルも古くからある。しかしICTの発展は、自ら車両を保有したり、物理的に鍵を受け渡したりといった行為なしに車両を「利用」できるサービスを登場させてきた。自動車のそれはカーシェアリング、自転車のそれはシェアサイクル（バイクシェア、コミュニティサイクルなどとも）である。

カーシェアの場合、わが国で展開されてきたものはほぼ、借りたステーションに返却する必要があるラウンドトリップ型と呼ばれるタイプであった。諸外国では、借りたのとは別のステーションに乗り捨てることのできるワンウェイ型、ステーションが存在せずどこにでも乗り捨て可能なフリーフロート型と、

表1.3.1　さまざまな交通サービスの特性

<table>
<tr><th colspan="2">移動手段</th><th>車両の保有<br>/シェア</th><th>ライドの<br>シェア</th><th>自ら運転<br>する必要</th><th>時間的な<br>自由度</th><th>空間的な<br>自由度</th></tr>
<tr><td colspan="2">自家用車</td><td rowspan="2">保有し占用</td><td rowspan="7">なし<br>（同乗<br>除く）</td><td rowspan="7">あり<br>（同乗<br>除く）</td><td rowspan="2">一般に高い<br>（ツアー単位）</td><td rowspan="4">一般に高い<br>（駐車空間・<br>走行空間の<br>状況による）</td></tr>
<tr><td colspan="2">車両のリース</td></tr>
<tr><td colspan="2">車両の共同保有</td><td>保有し共用</td><td rowspan="3">その時の<br>利用可能性<br>による</td></tr>
<tr><td colspan="2">レンタカー</td><td rowspan="4">事業者が<br>保有する<br>車両を共用</td></tr>
<tr><td rowspan="3">カー<br>シェア</td><td>RT型</td><td rowspan="2">＊2</td></tr>
<tr><td>OW型</td><td rowspan="2">＊1</td></tr>
<tr><td>FF型</td><td rowspan="4">一般に高い<br>（駐車空間・<br>走行空間の<br>状況による）</td></tr>
<tr><td colspan="2">ライドシェア</td><td rowspan="2">運転者が<br>保有</td><td>あり</td><td rowspan="2">利用者は<br>なし</td><td rowspan="3">その時の<br>利用可能性<br>による</td></tr>
<tr><td colspan="2">ライドヘイリング</td><td rowspan="2">あり/<br>なし</td></tr>
<tr><td colspan="2">タクシー</td><td rowspan="3">――</td><td rowspan="3">なし</td></tr>
<tr><td colspan="2">需要応答型交通</td><td rowspan="2">あり</td><td rowspan="2">サービスの<br>水準による</td><td rowspan="2">路線や停留所<br>の位置による</td></tr>
<tr><td colspan="2">定時定路線型<br>公共交通</td></tr>
</table>

（交通手段の分類はアクセンチュア[1]を参考にした）
[注] RT型：ラウンドトリップ型、OW型：ワンウェイ型、FF型：フリーフロート型
＊1　その時の利用可能性によるが、アンリンクトトリップ単位でも利用しうる
＊2　一般に高いが、ステーションの位置の影響を受ける

より自由度高く利用できるサービスも見られる。カーシェア事業者が保有する車両を会員に使わせるのではなく、ある個人が保有する車両を別の人に使わせる貸し借りを仲介するP2P（Peer-to-Peer）カーシェアとよばれるサービスもある。これらのサービスが登場した背景には、スマートフォンを使った予約・認証・決済・アンロックを可能にし、貸す側・借りる側のニーズをうまくマッチさせることを容易にした、ICTという基盤の存在がある。

### ライドのシェアリング

上で述べたいずれの交通サービスも、家族や友人など他者の運転する車両に同乗する場合は別として、移動の際には自ら運転する必要があった。一方、運転することなく移動できる交通サービスとしてタクシーや公共交通が存在している。近年よく耳にするようになったライドシェアリングやライドヘイリング（ライドソーシング、TNCs：Transportation Network Companiesとも）はそ

れらとカーシェアの間に位置付けることができる。

ライドシェアとは個人同士が車両に相乗りして移動を共有することである。混雑緩和や燃料費削減などを目的に、移動の起終点や時間帯の近い人が1台の車に相乗りするカープールが米国を中心に推奨ないし実践されてきたが、これもライドシェアである。対してライドヘイリングは、収入を得るために移動手段を提供したい人と移動をしたい人とをつなぐアプリベースの予約配車サービスを指し、米国・Uber Technologies社のUberが代表例として有名である。ただしライドシェアとライドヘイリングの違いは必ずしも明確でなく、後者がライドシェアと呼ばれることも多い。

ライドヘイリングやタクシーには1人または1組のみの乗客を輸送するサービスもあれば､見知らぬ他者と相乗りや乗合をさせるタイプのサービスもある。公共交通の一種に分類される需要応答型交通の中でも、スマートフォンのアプリなどを使って予約をし、運行経路とスケジュールを動的に生成して乗合で運行するマイクロトランジットと呼ばれるサービスも出てきている。これらの展開もまた、利用者の需要と車両・運転手の供給を柔軟にマッチングし、効率的な経路で輸送することを可能にしたICTの進化に支えられている。

### 時間的・空間的な自由度の高さ

自家用車を保有することは移動の可能性を購入することであり、その背後には少なからず「いつでもどこへでもドア・トゥ・ドアで移動できる」という時間的・空間的な自由度への希求があろう。

上で紹介した新しい交通サービスの時間的な自由度はその時々の利用可能性に影響される。例えばカーシェアを使いたい時に車がすべて借り出されてしまっていたら使うことはできないわけで、自家用車などの移動手段を保有するのに比べると自由度は相対的に低い。ただその反面、自宅から自家用車で出かけたら通常は自家用車で帰ってくることが必要になるし、逆に自家用車以外で出かけたら、出先で車を使いたくても自家用車を使うことはできない。そこにワンウェイ型やフリーフロート型のカーシェアがあれば、出先でごく限られた区間だけ、アンリンクトトリップ単位でも車で移動することができるようになる。この意味で、自由度が高くなる側面もある。

空間的な自由度に関しては、駐車空間や走行空間の状況にもよるが、ドア・トゥ・ドアでの移動が可能な車は一般に公共交通より自由度が高い。ただしラウンドトリップ型やワンウェイ型のカーシェアの場合は、自家用車と同様に駐車場に駐車すれば自由度は同じく高いが、ステーションの配置によっては空間的な自由度が制約される場面も生じうる。

総じて新しい交通サービスは、乗り捨てのできない自家用車や路線とダイヤの固定された公共交通のような縛りがなく、時間的・空間的に高い自由度で「ちょっと移動したい時に便利に移動する」可能性を高めることが期待される。

## (2) 自動運転の展開

自動運転車とは従来の自動車で人間が行う操縦、すなわち認知・予測・判断・操作（の一部）をシステムが代わりに行って走行する車両で、英語ではAutonomous vehicle、Self-driving car、Driverless carなどと呼ばれる。運転自動化のレベルについて、**表1.3.2**に示すSAE International（米国自動車技術会）の定義[2]がよく参照される。

**表1.3.2　SAE International[2]に基づく運転自動化レベルの定義**

<table>
<tr><th colspan="2">運転自動化レベル</th><th>操縦の主体</th><th>システムが行う動的運転タスク</th><th>作動継続困難時の運転者の応答</th></tr>
<tr><td>レベル0</td><td>運転自動化なし</td><td rowspan="3">運転者</td><td>なし</td><td rowspan="3">—</td></tr>
<tr><td>レベル1</td><td>運転支援</td><td>前後・左右の車両制御のいずれか</td></tr>
<tr><td>レベル2</td><td>部分的自動運転</td><td>前後・左右の車両制御の両方</td></tr>
<tr><td>レベル3</td><td>条件付自動運転</td><td>システム（作動継続が困難な場合は運転者）</td><td rowspan="2">運行設計領域※の中ではすべて</td><td>期待される</td></tr>
<tr><td>レベル4</td><td>高度自動運転</td><td rowspan="2">システム</td><td rowspan="2">期待されない</td></tr>
<tr><td>レベル5</td><td>完全自動運転</td><td>すべて</td></tr>
</table>

※運行設計領域：地理、道路、交通状況、速度などに関し、自動運転システムが正常に作動する前提となる設計上の走行環境条件

この定義によると、例えばアクセル・ブレーキ操作を補助する車間距離制御システムのみを搭載した車両はレベル1、ハンドル操作を補助する車線維持機能が加わるとレベル2となるが、操縦の主体はあくまで運転者であって「運転支援」や「部分的自動運転」の位置付けにとどまる。レベル3では操縦は主にシステムが担い、ある限られた条件（運行設計領域）の下、例えば高速道路上で一定の交通状況にある場合などにおいて、すべての動的運転タスクをシステムが行う。ただし、システムの作動継続が困難になった場合には運転者が操縦することが求められる。これがレベル4になると、運行設計領域内でシステムがすべての運転タスクを実施するのは同じだが、運転者が応答することは期待されない。レベル5は領域に関わらず常にシステムが運転タスクをすべて行う「完全自動運転」である。

わが国では、国土交通省がSAEレベル3以上の車両を自動運転車と位置付け呼称し、官民一体となった技術開発や実証実験などの取り組みが進められてきた。2021年には世界初のレベル3を実現した乗用車が本田技研工業から発売された。2023年4月の改正道路交通法の施行により、都道府県公安委員会の許可を得、遠隔監視の体制を整えるなどした上で、運転者なしでのレベル4の自動運転が認められるようになった。これを受けて同年5月、福井県永平寺町で、乗合小型電動カートを利用した国内初のレベル4での定時定路線型の自動運転移動サービスが開始されている。

目を国外に転じると、米国・Waymo社のWaymo Oneや中国・百度（Baidu）のApollo Goなど、SAEレベル4の車両による自動運転タクシーサービスが都市部で商用化される例が出てきている。わが国は遅れを取っている状況と言えるが、デジタル社会推進会議のモビリティワーキンググループは、新たなサービスや技術への社会的受容性の厳しさやデータの連携・共有の乏しさなどが影響しているのではないかと分析している。同グループは「モビリティ・ロードマップ2024」[3)]で、ビジネスモデルとしての確立、技術の確立、制度・ルールの確立の3つが自動運転の社会実装のために必要であるとし、それぞれに関する短期的・中期的・長期的な省庁横断的取り組みを工程表として示している。

わが国で自動運転技術を活用した交通サービスが、歩行者や自転車を含めた多様な移動主体の混在する一般道にまで広く展開される時期を見通すことは難しい。しかし、その暁には**表1.3.1**で自ら運転する必要「あり」の領域が「なし」になり、いくつかの移動手段間の垣根は実質的に無くなるはずである。また、現行のバス事業・タクシー事業は労働集約型産業であり、しかも運転手不足の深刻化により減便や撤退を強いられるケースも多い現状がある。これらに鑑みると、自動運転技術を活用した交通サービスの普及は、直接的には、利用者にとって移動をより便利かつ安価にすることが期待される。また、交通システムの供給側にとっても、運転時のヒューマンエラーがなくなって安全性が向上する、車間が詰められるようになり実質的な交通容量が増加する、混雑する地域において駐車空間を確保する必要が低下する——といったメリットが想定される。

### (3) Mobility as a Service

さまざまな新しい交通サービスが登場しつつあることは、人が場面に応じて好ましい移動方法を選択し使い分ける可能性を高めてくれる点では基本的に望ましい。しかし、一連の移動の中でそれらを組み合わせ、乗り継ぐ形で使おうとすると煩雑なのも事実であろう。組み合わせた使い方を便利にするには4つの面での連続性、すなわち水平・垂直移動が少ないこと（物理的）、必要十分かつ統一的な情報を得られること（心理的）、乗り継ぐたびに改札を通ったり運賃を支払ったりする煩わしさがないこと（料金支払い面）、乗り継ぎ時の待ち時間が少ないこと（時間的）——を確保することが重要とされる。このインターモーダル性とマルチモーダル性を担保する観点から、いわばサービスを束ねるサービスとして注目されているのがMobility as a Service（MaaS）である。

国土交通省によればMaaSとは「地域住民や旅行者一人一人のトリップ単位での移動ニーズに対応して、複数の公共交通やそれ以外の移動サービスを最適に組み合わせて検索・予約・決済等を一括で行うサービス」[4]である。従来の交通サービスの利用のスタイルは、移動しようとする人が各種サービスの利用に関する情報を事業者から直接に（経路探索サービスから横断的に取得できるものもあるが）取得し、各事業者へ個別に運賃や料金を支払ってサービスを受ける、というものであった。これに対し、利用に関わる情報取得・予約・決済を単一のデジタルプラットフォーム上で行うことがMaaSの大きな特徴である。

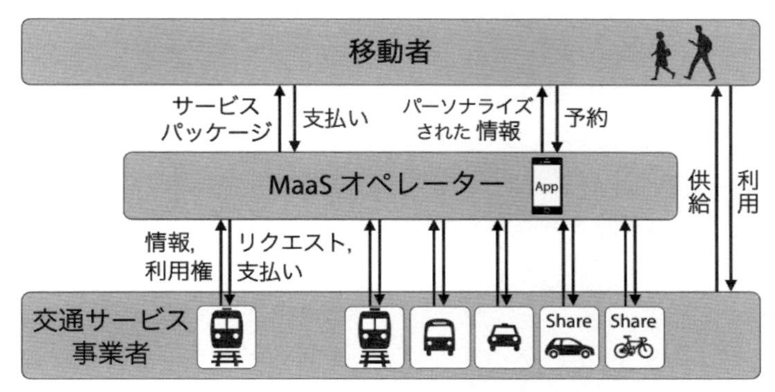

図1.3.1 MaaSにおける主体間の関係

典型的に想定されるMaaSにまつわる主体間関係を**図1.3.1**に示す。移動する人と個別の交通サービス事業者の間にMaaSのプラットフォームを運営するMaaSオペレーターが挟まる。MaaSオペレーターは各事業者のサービス利用に関する情報や利用権を束ねて利用者に提供する。利用者はMaaSオペレーターと契約して料金を支払う。移動する際にはスマートフォンのMaaSアプリを使い、目的地へ行くために利用できる複数の交通手段と経路、所要時間、費用などの情報を横断的に取得する。情報に基づいて利用者はどの方法で移動するかを選び、場合によっては予約をした上で、各事業者により提供されるサービスを利用する――といったスタイルとなる。もちろん、日常的に行っていて熟知している移動であれば毎回情報を検索する必要はないし、乗り放題やサブスクリプション型のサービスパッケージを契約していれば都度の支払いは生じない。

先に述べた4つの連続性に照らすと、目的地への行き方を考える時に必要なすべての情報をアプリを介して一括で得ることができ、心理的な連続性は高まる。サブスクリプション型のプランを契約していて運賃や料金を個別に支払わなくてよければ支払い面での抵抗感も軽減される。また、情報がなければ利用者が気づかなかったような好ましい移動方法が認識され、よりよい選択が促されることも期待される。さらに、利用者側の移動需要のデータを蓄積し活用することで、MaaSオペレーターがサービスパッケージを改善することや、交通サービス事業者がサービス供給を効率化したり、需要によりよく応えるサービスを開発したりすることに役立てられる。これらは、「いつでもどこへでもドア・トゥ・ドアで移動できる」という絶大なる強みを持つ自家用車に伍するまではいかずとも、自家用車によらない移動需要を喚起することにつながり得よう。

MaaSの中心たるターゲットが交通・移動にあることは間違いないが、国土交通省はMaaSについて「観光や医療等の目的地における交通以外のサービス等との連携により、移動の利便性向上や地域の課題解決にも資する重要な手段となるもの」[4]ともしている。つまり、観光地の案内、飲食店や病院の予約、商業施設のクーポンの配布など、交通にとどまらないサービスをMaaSのアプリやエコシステムに取り込み、生活利便性の向上、移動の創出を通じた交通サービスの維持、地域の活性化などの目標に貢献することもねらいとされている。

MaaSの提唱者であるSampo Hietanen氏はかつて「自家用車を保有せずとも自由に移動できる状態を提供する」[5]ことが目標と述べた。交通サービスの一体化を通じて自家用車保有からの転換を生じさせることがMaaSを事業として成り立たせ、ひいては交通と地域に好影響をもたらす源泉となる。しかし、交通サービスのデジタル化だけにフォーカスしたのではその転換を起こすのに必ずしも十分ではなく、事業の成立も容易ではない。交通以外のサービスとの有効な連携を図ることは、地域課題の解決に資するというねらいと同時に、MaaSのマネタイズの重要な方策の一つとして各地の実験や実践で模索されている。

### 参考文献


1) アクセンチュア戦略コンサルティング本部モビリティチーム／川原英司, 北村昌英, 矢野裕真ほか (2019)『Mobility 3.0 －ディスラプターは誰だ？－』, 東洋経済新報社.

2) SAE International (2021) "Taxonomy and Definitions for Terms Related to Driving Automation Systems for On-Road Motor Vehicles", J3016™ APR2021.

3) デジタル社会推進会議／モビリティワーキンググループ (2024)『モビリティ・ロードマップ2024 －新たなモビリティサービスの事業化に向けた基本的な考え方と施策－』.

4) 国土交通省 (n.d.)「日本版MaaSの推進」, https://www.mlit.go.jp/sogoseisaku/japanmaas/promotion/

5) Roper, J. (2021) "Can MAAS Succeed?", *Traffic Technology International*, MA Business, pp.28-34.

# 1.4> まとめ

## 1.4.1　高齢化と人口減少のまとめ

### (1) 人口減少と高齢化

①人口の数が減ること

人口の数が長期的に一定となる人口置換水準は2.07である。2022年はこれをはるかに下回る合計特殊出生率が1.26（2022年）であり、30年後も高水準の予測でも1.64と、今後何十年も人口減少は確実に続くことである。交通計画も人口減少を前提と考えることが不可欠である。

②都市施設整備

人口減少は、あらゆる都市施設が多すぎて縮小・統合を図るとともに、都市や地域を縮小し生活領域をコンパクトにすることが必要である。

③交通サービスの縮小

公共交通など利用者が減少するとともに生活範囲も以前より小さくすることから、公共交通のサービス水準の路線を短くし、サービス水準は下げないで供給する努力が求められる。また都市部の郊外では公共交通が通行できない地域も多く存在し、居住の誘導を公共交通が通行できる範囲にすること。

④高齢化は今後も続く

高齢化については2020年に28.6％で、2060年には38.1％と今後も増え続ける。多少増加が鈍化しつつも増加し続けることには変わりなく、しかも寿命が多少伸びての増加となるので、高齢者が生活することを大前提として考えることである。

⑤高齢者の心身機能の低下

高齢社会の問題は、高齢者の心身機能が低下する人、具体的には認知症やフレイル（虚弱）など社会的に支援が必要な人が増加することである。これらの支援が必要な高齢者の人数の多さに対応することである。2060年の人口1億人に対して38％（3,800万人）の高齢者のうち支援が必要な人は2割（760万人）おり、大量の高齢者に対して社会として何らかの対応が必要である。

### (2) 高齢社会の仕組みづくりによる対策

健康対策として、例えば一人暮らしの高齢者など人とのコミュニケーションや運動の不足、食事も栄養が不十分になりがちとなる。事故対策として自損事故や交通事故をいかに防ぐかである。

①健康寿命を長くする対策

介護や入院などせずに生きられる健康寿命を長くする対策も求められる。1988 ～ 2008年までの高齢者の20年間で健康寿命は男性5年、女性7年伸びている。この点から、今後も食事、運動、コミュニケーションなど健康に有効な方法を生活に定着させることである。

②事故からの安全対策

高齢者の事故は、転倒などの自損事故、ドライバーや歩行者としての交通事故等をいかに防ぐかも重要な課題である。

- ・自損事故：入浴時の温度差によるヒートショック、転倒や階段からの転落
- ・交通事故：歩行中の事故、自動車の運転による事故

## 1.4.2　交通計画と気候変動のまとめ

日本のカーボンニュートラル目標年は2050年であり、残すところ25年しかない。その意味で緩和策は今実施すべき政策であり、国の地球温暖化対策計画においても次世代自動車の普及、公共交通機関の利用促進、トラック輸送の効率化などが図られている。公共交通機関のカーボンニュートラル化を進めつつ、これにより旅客需要を満たす部分を増やすことはこれまで通り必要である。また、EVや燃料電池車など次世代自動車の普及を促進し、乗用車、および貨物需要を満たす貨物車のカーボンニュートラル化を図ることも必要となる。次世代自動車は、現在までのところ車両本体価格が高いこともあり、HEVを除い

て普及率が低い状況に留まっている。自動車メーカーの努力に期待する部分が大きいものの、EVや燃料電池車などが持つ従来の自動車には無い機能を活用して付加価値を上げることも重要となる。例えば、乗用車の多くは駐車場や車庫にいる時間がほとんどであり、この時間を活用して付加価値を上げる政策が注目されている。

一方で、1.2節では割愛したが、適応策は気候変動の影響がある限り、2050年以降も実施していくべき政策である。日本は人口減少期とインフラ更新期を同時に迎えている。立地適正化計画の防災指針などを考慮に入れ、効率的によりレジリエントな交通システムの再構築を進める必要がある。

### 1.4.3　交通の新技術・新サービスの登場のまとめ

近年のICTの発展を背景に、交通の世界にも「所有から利用へ」のトレンドが押し寄せてきている。すなわち、人々が車両を保有することなく、時間的・空間的な自由度が高くかつ効率的な移動を可能にするサービスが登場しつつある。さらに、時期を見通すことは容易でないが、いずれ高レベルの自動運転技術が搭載された車両やそれを活用したサービスが実用化され普及した未来の到来も想定され、利便性の高い移動サービスを低廉に享受することができるようになることが期待される。

こうしたサービスは、採算の低さや運転手不足のため路線バスやタクシーなどのサービスが現に十分供給されておらず、それゆえ外出や移動を諦めている人が存在するような地域において、需給バランスの改善に大きく寄与することが期待される。その反面、特に都市部において、徒歩・自転車やバス、鉄道などから新サービスへの転換が生じることも予想される。これは概ね空間利用効率の高い交通手段から低い交通手段への転換であり、道路インフラに大きな負荷をかけて交通状況の悪化につながることが懸念される。一方で、最小限の供給で移動需要を賄ったり、走行の総走行距離や総走行時間を最小化したりするような制御が可能となり、効率化が期待される面もある。

いずれにせよ、交通の新技術・新サービスが人や物の移動に対し大きな、正負入り混じった影響をもたらすことは確実である。新しいサービスと既存のサービスとの折り合いをつけ、都市の空間構造とも調和した効率的な交通システムを構築することが、現在から近い将来にかけて交通計画に課せられたチャレンジである。

# 2章

# 交通計画のこれまでとこれからの課題

交通計画が対象とする人や物の移動のうち、人に着目し、その論点を整理した。移動の多くが活動の派生的需要であり、地域に活動がある限り、時空間制約のもとで移動がなくなることはない。情報通信技術（ICT）の進化を経ても、多くの研究成果を参照すると、移動は消滅せず、移動を対象とする交通計画の役割は残存する。

政策的な視点では、個人の健康や地域の活力保持の点から、外出を促進することが期待される。その移動を対象とする交通計画は、この30年間で、自動車やICTといった新技術の登場と普及、交通安全・混雑緩和からまちの多様な目標への貢献までの社会的要請の広がり、供給側の拡大・改善を目指すアプローチから需要側施策とのパッケージ化という施策アプローチの拡充、より計量的で科学的な計画検討と施策立案を指向するデータ収集・計画検討技術の発展、交通施設整備から参加・協働での計画の立案と実施へと広がる実現手法や制度の整備、といった点で進化してきた。

---

## 2.1> 人はなぜ移動（外出）するのか？

### (1) 生活活動と交通行動

本節では、都市の交通計画を立案する上で最も基本になると考えられる、都市住民の日常生活活動と交通行動との関係について概説する。「人はなぜ移動（外出）するのか？」、「移動（外出）しなくても生活できるのか？」という問いに対して、交通研究分野の長年の学術的知見を紹介するとともに、コロナ禍を経てのオンライン技術の普及と、人々の価値観・意識の変化等を考察する。

①交通は活動の派生的需要

「交通」は、(人の意思に基づく)人および物の空間(場所)的移動と定義される。広義の交通には、情報の移動としての「通信」が含まれる。狭義の交通は、通信と機能的には密接な関係を持つものの、計画、政策の対象としては別の分野として取り扱われている[1)]。

都市住民は、日常生活において、自宅および自宅外の場所で、睡眠、食事、身の回りの用事、療養など、本人の生命を維持するための「必需活動」、仕事、学業、家事、育児、食料品や日用品の買い物、銀行・郵便局へ行くなどの事務的用事など、現代社会で生活する上で必要となる「拘束活動」、そして、趣味、娯楽、交際、休息など、自由裁量性のある時間に行う「自由活動」に従事している。各個人や世帯は、これらの活動を、日常生活圏における道路や公共交通などの「交通システム」、活動に参加するための都市施設などの「活動機会」、そして世帯構成、居住地、就業、自動車保有などを含めた「個人・世帯特性」に関わる時空間制約、および所得や身体能力等その他の制約条件のもとで、時空間上に配分する。その結果が、都市の時空間上の軌跡として表現される毎日の「活動・交通パターン」として実現していると考えられる[2)]。

上述した、個人や世帯の活動の需要と交通に関連する所得や身体能力の制約条件は、ライフサイクルステージによって大きく異なり、それに伴い、移動目的や交通手段などの交通行動も異なる[3)]。例えば学生など若者は、他の世代と比較して育児等の拘束活動を行わない分、相対的に自由時間が多く、身体能力は高いが、自動車保有を含めて交通に利用可能な経済的予算は少ないため、自転車や公共交通による移動が多い。一方、子育て世帯は、育児とそれに伴う家事に多くの時間を割く必要があり、子どもの送迎などの移動需要と時間制約が発生し、自動車保有のコストが相対的に低い地方都市では自動車利用が多くなる。また、退職後の高齢者は、それまで多くの時間を費やした仕事という活動がなくなり、自由時間が増加するが、身体能力の低下により自動車の運転が困難になってくるため、徒歩や公共交通による移動が重要になる。

交通研究分野においては、散歩やサイクリング、ドライブや旅行などは、移動すること自体が目的の「本源的需要」であるが、通勤や買い物等の移動は、目的地で活動に参加するという本来の目的のための「派生的需要」と考えられている。目的地で行う活動時間は「正の効用」であるが、移動時間は「負の効用」であり、できるだけ短い方が望ましく、移動に費やす金銭や身体的・心理的負担も最小限に抑えたいと考える。しかし、移動時間には、気分転換になる、景色を楽しめる、(徒歩や自転車は)運動になる、(一人で自動車運転中は)一人になれるなど、「正の効用」も存在する。また、従来から自動車運転中にも、音楽を聴く、同乗者と会話をするなどの活動に従事することが可能であるし、さらに公共交通で移動中には、読書、新聞を読む、ノートパソコンで仕事をするなどの活動にも従事できる。移動中に行う活動も「正の効用」と考えられ、近年では、スマートフォンを利用して、公共交通車内でも従来にも増して多様な活動が行えるようになっている。さらに完全自動運転車であれば運転の必要もなくなり、ドア・トゥ・ドアの移動時間を活動時間として活用できることになる。Mokhtarian & Salomon[4)]は、移動の正の効用を、①目的地で活動を行う効用、②移動中に行う活動の効用、③移動自体の効用の3つに分類することを提案し、これまで②と③の効用があまり考慮されていなかったと主張した。**図2.1.1**に、移動目的、移動環境、移動中の活動と、移動の正の効用と負の効用との関係の概念を示す。

続いて、人がある目的で外出する場合に、目的地や交通手段に関する意思決定を、経済学の効用最大化の理論に基づいて紹介する。例えば、子育て中の親

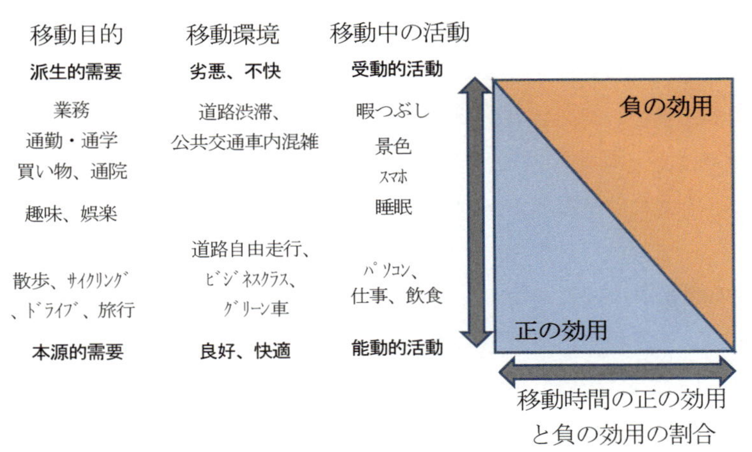


**図2.1.1　交通の派生的需要と本源的需要、正の効用と負の効用の概念**

が食料品の買い物を行う場合を考えてみよう。通常、目的地や交通手段に関して複数の選択肢が存在するものと考えられる。例えば、①子どもをベビーカーに乗せて徒歩で近所のコンビニに行く、②子どもを（子ども乗せ）自転車に乗せて少し離れたスーパーに行く、③子どもをベビーカーに乗せてバスや鉄道で都心の商業施設に行く、④子どもをチャイルドシートに乗せて郊外の大型ショッピングセンターに行く、という4つの選択肢があるとする（その他、自宅でオンライン・ショッピングをする、子どもを家族やベビーシッターに預けて一人で買い物に行くという選択肢もあるかもしれない）。①〜④の4つの選択肢それぞれについて、目的地で行う活動の「正の効用」、移動の「負の効用」、移動の「正の効用」の総和を計算し、それが最大となる選択肢を選択するというのが、効用最大化による意思決定メカニズムである。もちろん、個人によって選択肢の数や種類は異なり、また同一個人でもその時々の状況によって選択肢および各選択肢の効用は異なるものと考えられる。

また、交通研究分野においては、半世紀以上前から、「旅行時間一定の法則（Law of Constant Travel Time Budget）」の存在に関する研究仮説がある[5)]。これは、いつの時代も、どこの国でも、一人一日当たりの移動時間の平均値が1時間強であるというデータである。コロナ禍を経て、オンライン活動が急速に普及し、オンライン会議やテレワークなどにより、業務や通勤をはじめとした派生的な需要の移動がオンラインで代替されているが、今後、さらに通信速度の向上や、より高度なオンライン技術が開発され、より多様な外出活動がオンラインで代替されたとしても、また自動運転技術により運転に従事していた移動時間が活動の時間に変化することによって、派生的需要としての移動時間が削減されたとしても、「旅行時間一定の法則」が成立するとすれば、本源的な需要としての移動時間が増加する可能性があるかもしれない。

### ②時空間制約、交通と通信

続いて、人々の生活活動と交通行動を制限する時空間制約、そして通信による交通への影響について紹介する。

時間地理学を提唱したHägerstrand[6)]は、人々の日常生活を制限する多種多様の制約を、人の能力は生理学的要因と人が利用可能な手段の容量によって制限される「能力の制約（Capability Constraints）」、人々、道具、原材料などがある場所である時点にともに存在しなければならない「結合の制約（Coupling Constraints）」、ある時点にある場所に人々がいてはならない「権威の制約（Authority Constraints）」の3つに分類した。「能力の制約」とは、例えば、人は毎日、一定の時間、睡眠や食事を摂らなければならないこと、自動車利用可能性も運転免許や自動車保有の有無で異なるということである。「結合の制約」とは、例えば定時勤務の就業者や生徒・学生が決められた時間に職場や学校にいなければならないなどである。「権威の制約」とは、店舗は営業時間外には利用できない、公共空間や公共施設は誰もが利用できるが、民間施設等は利用が制限されるなどである。これらの制約が複雑に絡み合い、人々の日常生活において、存在可能な時空間や利用可能な活動機会や交通システムが制限されることになる。時空間座標上で、人やモノの軌跡を表現したものが「時空間パス」、人が存在可能な時空間を表現したものが「時空間プリズム」である。時空間プリズムは、時間・空間に制約のある二つの活動間の自由時間において、実行可能な時空間パスの選択肢集合とも考えられる（**図2.1.2**）。勤務時間減少による自由時間の増加、渋滞緩和による移動速度の向上、職住近接による固定活動場所間の距離の減少等によって、時空間プリズムが拡大し、存在可能な時空間領域が拡大することになる。また、店舗等のサービス時間延長、活動機会数の増加、コンパクトシティによる活動機会の自宅・職場間への集約により、時空間

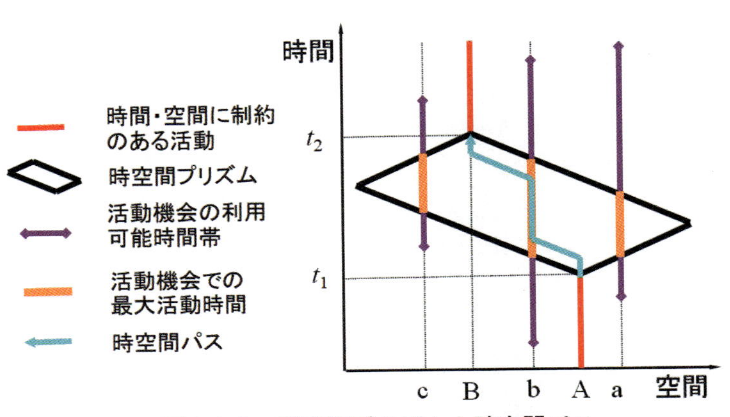


図2.1.2　時空間プリズムと時空間パス

プリズム内で利用可能な活動機会の時空間量、すなわち「時空間アクセシビリティ」が向上することになる。

また、先に述べたように、交通は、狼煙、手紙、電話、FAX、メール、インターネット等の通信（telecommunication）と密接な関係にある。交通と通信の相互作用として、「代替（substitution）」、「補完（complementarity）」、「修正（modification）」、「中立（neutrality）」という四つの関係があると言われている[7)]。「代替」とは、例えばテレワーク、オンライン・ショッピング、遠隔医療など、今まで移動しなければできなかった活動が通信によって実行可能なことにより、通信量が増加すると交通量が減少するという関係である。「補完」とは、通信による人とのコミュニケーション、活動機会に関する情報提供により、移動が誘発され、通信量が増加すると交通量も増加するという関係である。「修正」とは、例えばカーナビゲーションシステム、ETC（自動料金収受システム）、公共交通情報提供など、通信によって移動の効率性・安全性が高まるということである。「中立」とは、通信が交通に影響を与えないということである。

ここで、一つ大変興味深い図を紹介したい（表2.1.1）。コミュニケーションにおける時間・空間の制約である。対面ミーティングや対面講義は、対象者が同じ時間に同じ空間に存在して初めて成立する。電話やオンライン会議、オンライン講義は、異なる空間に存在していても、同じ時間を共有できればリアル

**表2.1.1　コミュニケーションにおける時間・空間の制約**

| | | 空間的一致 | |
|---|---|---|---|
| | | あり | なし |
| 時間的一致 | あり | 対面ミーティング<br>対面講義 | 電話<br>携帯電話<br>オンライン会議<br>オンライン講義 |
| | なし | 冷蔵庫のメモ<br>病院のカルテ | 手紙<br>FAX<br>印刷物<br>電子メール<br>SNS<br>動画メッセージ<br>オンデマンド講義 |

（Harvey and Macnab[8)]をもとに筆者作成）

タイムのコミュニケーションが可能である。メールやSNS、オンデマンド講義は、時間も空間も異なっていても、時間差は生じるがコミュニケーションが可能である。病院のカルテや冷蔵庫のメモは、同じ空間において、異なる時間にコミュニケーションが可能となる道具と考えられる。

③移動（外出）しなくても生活できるか？

2020年以降のコロナ禍において、人々は外出自粛を要請されたが、それと同時に、主にインターネットを用いたオンライン活動が急速に普及した。例えば、テレワークや在宅勤務、オンライン・ショッピングや宅配サービス、オンライン会議、オンライン講義などが急速に普及し、メタバースやデジタルツインなどの新たなサービスも登場した[9]。コロナ禍で世界中の人々が実感したように、オンライン活動の普及は、移動に伴う時間や費用、身体的・心理的負担といった「負の効用」を軽減し、外出活動をある程度代替するものである。しかし、たとえ多くの活動を自宅でオンラインで実行可能であるとしても、やはり対面のコミュニケーションや、街に出かけて賑わいや自然を五感で感じるなど、移動（外出）の「正の効用」を享受したいという欲求のため、人は移動（外出）せずに健康で文化的な生活を送ることは難しいと考えられる。自宅やオンラインでの活動よりも、都市と自然と人との五感を介した3次元コミュニケーションである外出活動の方が情報量が多く、多様性が高く、不確実性や偶然性も高い経験（セレンディピティ）が可能となる。コロナ禍で自粛していた外出活動を行う人の割合や、人々の活動場所が、コロナ禍前の傾向に戻ってきたという調査結果[10]や、コロナ禍で激減した飲酒を伴う外出活動頻度も、年々増加し、コロナ前の状態に近づいてきているという調査結果[11]もある。現在は、視覚情報と聴覚情報を送受信することにより、多くのオンライン活動が成立しているが、将来、味覚、嗅覚、触覚情報の送受信が可能になり、対面で行う外出活動に限りなく近い同質の活動機会が提供される時代が訪れたとしても、人は移動（外出）せずにはいられないのではないかと想像する。

## (2) 移動についてのこれからの政策課題

繰り返しになるが、一般的には、日常の交通需要は、派生的需要と言われている。A地点からB地点に向かうのは、いまA地点にいる人がB地点でなにか活動をしたいから移動するのであって、その活動が本源的需要であり、移動は派生的需要であると解釈している。また、ドライブや、鉄道愛好者が鉄道を利用するような移動は、移動自体が目的化しているため、本源的需要と言える。

コロナ禍以降、移動の量や質は大きく変化してきた。人々のさまざまな活動に対する価値観も大きく変化してきていると言える。ここにはいわゆる情報通信技術の急激な発展が複雑に影響している。これまでのように、月曜から金曜まで一年を通してほぼ同じように形成される通勤や通学といった移動が集中する時間帯、いわゆるピーク時の問題を考えるだけでは済まされないほど、課題は多様化していると言える。

そこで、今一度、移動について、考え方を整理しておく。以下では、移動について、本源的需要と派生的需要があることを踏まえた上で、その中身を2つの軸を加えて考察を試みる。ひとつの軸は、その移動が義務的かどうかである。通勤や、医師からの指導で促されているジョギング等は義務的なものになる。ここにさらにもうひとつの軸を加える。義務的かどうかという観点とは別に、移動者本人がその移動をどう受け止めているかを加えてみる。なにか楽しい用事、例えば、飲食やスポーツ観戦や観劇などの芸術文化活動、懐かしい友人との再会や出会い等の場合、そこに向かう移動では、とてもわくわくし、帰路では、その楽しい用事の余韻に浸っている場合が多い。そのような、わくわくや余韻の程度をもうひとつの軸とする。軸を2つに分けたのは、たとえば通勤でも、嫌々いく仕事や学びもあれば、わくわくして向かう通勤や通学もあり得る。私用についても、事前にわくわくしている場合ばかりではなく、非常に憂鬱な場合もある。なので、義務的かどうかと、わくわくや余韻があるかどうかを別の軸として見立てる。

この2つの軸をグラフ化したものが、**図2.1.3**である。ここでは横軸を義務的移動かどうか、縦軸をわくわくや余韻が強いかどうか、で表現してみた。ドライブ等の本源的需要は、当然ながら、義務的ではなく、わくわくや余韻も強くなる。一方で、派生的需要の中身はかなり多様であり、それがわかるように図で表現した。散歩や一般的な意味でのおでかけは、移動自体が目的である場合もあれば、目的地での滞在が目的でもあるので、図では、本源的需要と派生

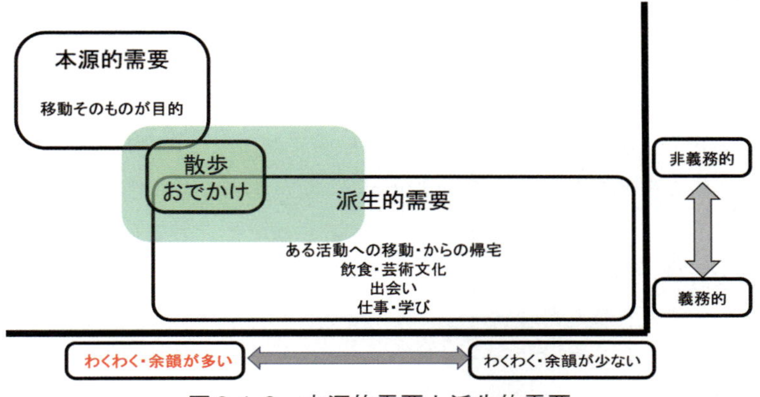


図2.1.3　本源的需要と派生的需要

的需要の間に、両者とも重複するようなかたちで位置づけておいた。二軸で考えると、我々の移動にはさまざまなタイプのものが混在していることがわかる。

交通政策の目標として、外出の促進を考えた場合、それが個人の健康増進や地域の社会活動活性化や交流増進につながるのだとすれば、義務的ではなく、かつわくわくや余韻が強めの外出を狙って促進することが有意義であることは想像に難くない。図では、そのような部分を着色して表現した。

コロナ禍以前から、高齢者のみならず若年層でも外出の頻度が少なくなる傾向が、パーソントリップ調査の報告書等で指摘されている。コロナ禍を経て、さらに外出の頻度が減っていることは言うまでもない。また、年代に関わらず、外出率の低下が心身の不健康さに影響していることが指摘されている。個人の不健康については、個人の問題であるとともに、医療費の補助額総額が増加してしまい行政財政を悪化させるという点で自治体行政の問題にもなる。以上より、必ずしも高齢者のみならず、全ての人の健康的で前向きな外出の増加が期待される。

外出を促進する場合、派生的需要であれば、その目的地での活動を用意することとその目的地に到達できる移動の方法、交通サービスを用意することが課題となる。これらによって移動が生じた場合はそのまま需要が顕在化したということになる。しかし、仮に、目的地での活動も到達できる移動の方法、交通サービスも用意できているのに移動が発生していない、換言すれば顕在化されていない場合は、潜在需要として扱うこととなろう。現実に潜在需要という場合、移動の方法が十分に用意されていないために顕在化していないようなケースが多いと思われる。

政策の実務の場面で、特に評価をする場面では、顕在化されていない需要、すなわち潜在需要を見過ごす危険性がある。データとして記録できるものは顕在需要であり、潜在需要は、なにか別の調査手法で推計する必要がある。潜在需要の分析は、その地域での交通サービスの課題を見出す点で有意義といえる。

以上のように、移動の意味付けを今一度見直した上で、それらを交通計画において、どのように受け止めていけばよいのか、そこにどのような課題があるのか、考え直すべき時代に来ているといえよう。

### 参考文献

1) 太田勝敏（1988）交通システム計画，技術書院．
2) Jones, P., Dix, M., Clarke, M. and Heggie, I.（1983）Understanding travel behavior, Gower, Aldershot.
3) 大森宣暁（2012）若者の交通行動に関する一考察：ヴァーチャル・モビリティに着目して，IATSS Review, Vol. 37, No. 2, pp. 16-21.
4) Mokhtarian, P. and Salomon, I.（2001）How derived is the demand for travel? Some conceptual and measurement considerations, Transportation Research A35, 695-719.
5) Mokhtarian, P. and Chen, C.（2004）TTB or not TTB, that is the question：A review and analysis of the empirical Literature on travel time（and money）budgets, Transportation Research A, 38 (9-10), 643-675.
6) Hägerstrand, T.（1970）What about people in Regional Science?, Papers in Regional Science, Vol.24, pp.6-21.
7) Salomon, I.（1985）Telecommunications and travel：substitution or modified mobility?, Journal of Transport Economics and Policy, 219-235.
8) Harvey, A. and McNab, P.（2000）Who's Up? Global Interpersonal Temporal Accessibility, In：Janelle, D. and Hodge, D.（eds.）, Information, Place, and Cyberspace, Springer, 147-170.
9) 総務省（2024）令和6年版情報通信白書.
10) 国土交通省（2023）新型コロナ感染症の影響下における生活行動調査，https://www.mlit.go.jp/toshi/tosiko/toshi_tosiko_tk_000056.html
11) 日本交通政策研究会（2024）ウィズコロナにおける夜の生活活動の質向上のための都市と交通のあり方に関する研究.

# 2.2> 交通計画の位置づけ・視点

2019年度以降、地域公共交通に関する国土交通省での議論が活発になっていった。その中心的な位置のひとつは、同省交通政策審議会地域公共交通部会の再開にあった。たまたま部会長を仰せつかった筆者は、幸いにも多くの議論の経過を伺う機会を得た。そこでの議論をベースに、今一度、交通計画の位置づけや視点を整理しておく。

コロナ禍ではあったが、そのことよりも、鉄道あるいはバス路線が減便、もしくは廃止の危機に瀕していると言われている地方部それも中山間地域を含む過疎的な地域の問題が議論の背景のひとつにあった。一方で地方都市部でのクリームスキミング問題が法廷で争われている場面もあり、公共交通と運輸事業の違い、民間の役割と行政の役割、行政財源の補助と政策実現のための投資の違いなどの論点につながる課題も、この頃に噴出していた。

そのような中で部会の議論の結果としての、現地域交通法の改正を主軸とする法制度の改正が進み、次の段階として、アフターコロナを見据えた、地域公共交通計画のリ・デザイン（もともとは再構築という意味に近い使われ方をしていた）の議論がスタートし、国土交通大臣による会議が立ち上がり、最終的なとりまとめが2024年5月に発表された。リ・デザインとともに当時の国土交通省では、共創という単語も重要視されるようになった。地域公共交通の文脈では、3つの共創と言われている。具体的には、交通手段間の共創、地域の産業間の共創、官民の共創の3つになる。確かに、鉄道、バス、タクシー、さまざまなシェアリングサービスはバラバラだし、地域の産業と交通政策とのつながりも弱いし、官民の役割分担にも、依然として課題が多い。こういう状況を踏まえると、3つの共創という整理は、至極当たり前でもある。

以下では、その前段階の2023年夏にまとまった、地域公共交通のリ・デザインの基本的な考え方を筆者なりに整理し、交通計画の位置づけについて考察する。

まず大前提として、手段の目的化からの脱却がある。先の派生的需要の議論からもわかるように、交通手段は「手段」であり、勤務、受診、あるいは観劇等が「目的」である。その文脈では、鉄道を残すこと、バス路線を残すことが、目的ではなく、その先にあるのは、地域の生活が残ることである。その意味で、地域の生活に用いられる移動の選択肢として鉄道やバス路線が残ること、あるいはさまざまなかたちで見直されることをめざすことが期待される。

地域の生活を残すことは、多くの政策領域に関連してくる。共創について触れたくだりでの産業という言葉で説明しきれない重要領域としては、教育、医療・福祉、防災・復旧をあげることができよう。これらによって地域の政策が成り立っていて、それが地域の交通とつながっている。交通の中には自動車交通があり、それ以外という位置づけで公共交通がある。公共交通については、葉・枝・幹で区分けされ、日常の生活を支え、自宅近くまで寄り添うようなサービスを葉、それらを束ねて幹につなげるのが枝、鉄道や幹線的なバス系統等が幹というイメージになる。バスは幹にもなり枝にもなる。以上をまとめたものを**図2.2.1**に示す。

前述の共創の概念のうち官民共創以外の2つを図に重ね合わせると、**図2.2.2**のようになる。

この図で表現しきれなかった官民の共創については、図を分けざるを得ない。

ここで官民の官も民もひとくくりではない。官の中には、交通政策に直接関連する分野とそうでない分野がある。そうでない分野のほうで、特に、環境や福祉あるいはまちづくり等は、かなり関係するものの、地域公共交通のサービスに関する制度に直接は関与していない。直接関連する分野としては、道路交通を念頭に置くと、道路管理、交通管理（警察）、運輸事業許認可の3種類がある。これらについて、国レベル、都道府県レベル、市区町村レベルでの違いがある。これらを一緒くたに官と呼んでしまうことは望ましくない。

「民」のほうも、必ずしも単純ではない。移動サービスを担う運輸事業者が民間事業者だとしても、時に担い手ともなり得る住民、関連する事業者、その他のさまざまな民間企業が「民」になる。ここでさらに踏まえるべき点は、民間事業者は原則的に市場で競争しているということである。私的独占の禁止及び公正取引の確保に関する法律、いわゆる独占禁止法との関係で、民間事業者同士の調整には多くの制限がかかる。2019年度の国土交通省交通政策審議会地域公共交通部会での成果として、独占禁止法の特例として、地域の運輸事業

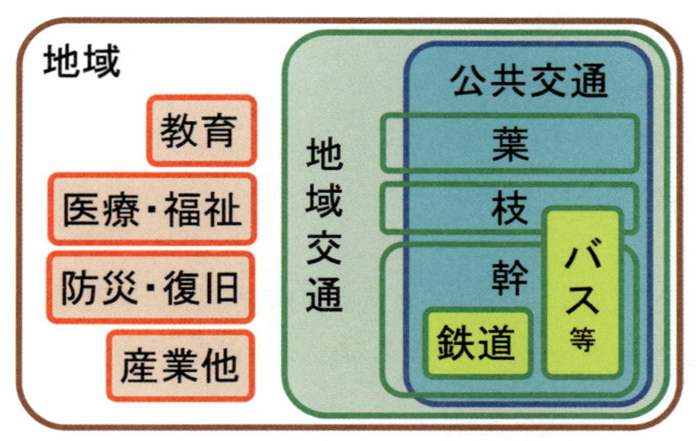

図2.2.1　地域と地域公共交通の関係

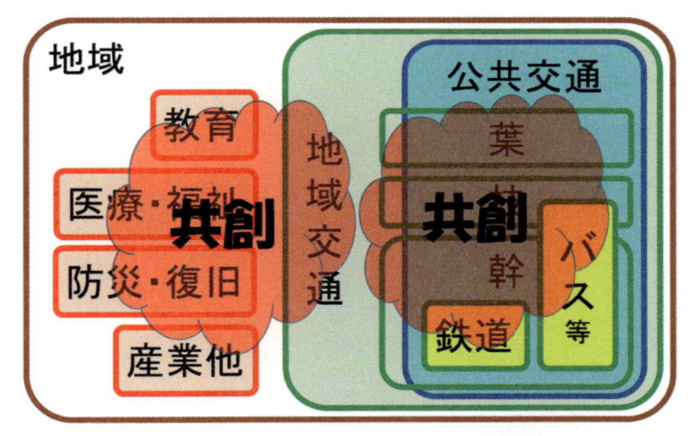

図2.2.2　交通手段間の共創および地域産業との共創

者間での調整が大幅に認められるようになった。結果として、地方鉄道線と並行する都市間バス路線での調整による地域にとって使いやすい運行体系の確立などの副次的な成果を得ている。

いずれにせよ、民間事業者間の関係については、基本的には、協調領域と競争領域を明確化することが必要である。地域公共交通に関しても、英国の過去40年にわたる変遷を引き合いに出すまでもなく、世界各国でさまざまな経験をしている。

協調領域と競争領域が明確になってくると、独自性と共通性の整理がなされてくる。ドイツでの運輸連合の事例が典型的だが、利用者側からみたときに、協調領域については、統一したインターフェイスとなることで、利用者側からみたときの使い勝手が格段に向上するとともに、全体が効率化する。我が国で、多くの地域で、同一の路線を担う複数のバス事業者で、車両の塗色、車内の意匠がバラバラな場合が多い。事例によっては、運賃箱、バス停の形状やデザインも事業者ごとに異なっている。

もちろん例外もある。運輸連合の形態とは異なるが、部分的な工夫例はいくつか存在する。例えば、広島空港と広島市内を結ぶ空港連絡のバス輸送では、5つのバス事業者が共同運行しているが、バス車両の塗色は同じで、時刻表もひとつにまとまったものしか存在せず、利用者は、バス事業者を選ぶことなく、さらに言えば、どのバス事業者の車両に乗っているのかも意識されない。

以上のように、協調領域と競争領域の課題、独自性と共通性の課題も前提に官民の関係を**図2.2.3**にまとめた。学の役割については、官と民の間のアカデミアという表現で示しておいた。図から、さまざまな主体が存在して、どのくらい複雑なのかを理解できる。

**図2.2.1**と**図2.2.2**を土台に、我が国の現在の状況を鑑みて、どのあたりが課題、すなわち共創状況が不十分なのかをハイライトしたものを**図2.2.4**及び**図2.2.5**に示した。

特に**図2.2.5**では、3つの課題領域を指摘した。まず、民間事業者間での独自性と共通性の整理が必要である。利用者インターフェイスになる部分での独自性への拘りが、多くの無駄を生じさせていることは、長年にわたって是正されていない点のひとつである。

地域公共交通サービスに関して言えば、特に、官のサイドで、道路管理および交通管理とのつながりは十分ではない。世界の多くの地域で、特に日常生活の場面で、自動車交通を優先させることが減ってきているにもかかわらず、我が国では、道路交通の安全と円滑という場合に、自動車交通の円滑が最優先され、結果的に地域公共交通の使い勝手が低下することが相変わらず生じている。バス専用通行帯の導入方法ひとつとっても、海外から大幅に遅れをとったままである。この論点についても、都道府県レベルの議論と市町村レベルでの議論が連携していないところも問題点といえる。民のサイドでは、MaaSに関する取り組み、特に前橋市や静岡市、あるいは九州での取り組みで進化しつつあるが、運輸事業と他事業との連携には、まだまだ多くの可能性がある。図では、

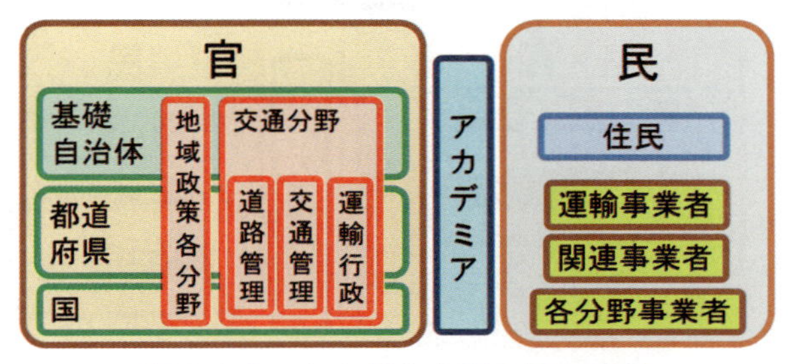


図2.2.3　さまざまな官と民の関係

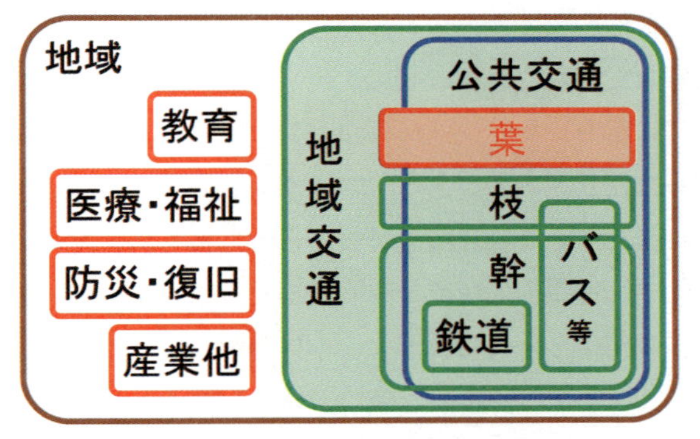


図2.2.4　葉の地域公共交通が課題領域であることを示した図

これらの点を課題領域として指摘させていただいた。

以上述べたように、地域公共交通に関する最近の動きを整理する中で、いくつかの課題を整理できた。少し言葉を加筆して改めて書き上げるならば、以下の4点になる。

① より地域に密着したいわば葉の部分の移動サービスへの十分な考慮

② 公共交通を担う運輸事業の中の独自性と共通性の明確化を通した、利用者インターフェイスの質の向上と必要な競争環境を活かした効率化の推進

③ 行政サイドの政策領域間の連携強化と都道府県と市区町村の間の役割分担の明確化

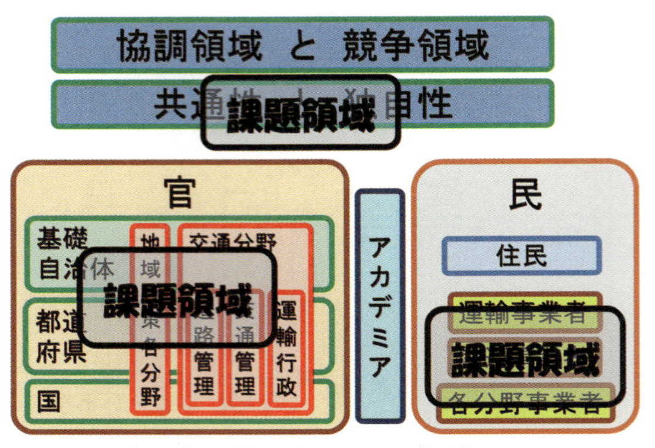


図2.2.5　官民各主体の中での課題領域を示した図

④　運輸事業と他産業の連携による経営面での効率性強化と利用者の本源的需要に配慮した応用的なサービス

戦後から現代に至るまで、交通計画がどのように理論的に発展し、実務面で進化してきたかを振り返る際に、上記のような課題が現代の地域公共交通において十分に解決されていない理由を考察できるとともに、今後の社会情勢、関連領域の政策動向、情報通信技術を中心とした技術改革、そして市民の意識の変化や社会受容の変化とともに、どのように理解していくべきなのか、中立的な立場であるアカデミアでの十分な議論が求められると言える。

# 2.3> これまでの交通計画の展開と課題

## (1) 交通計画のこれまで

本書の主題である「30年先を見据えた交通計画」を考えるのに先立ち、交通計画がこれまで歩んできた道をごく簡単に振り返っておこう[(1)]。交通計画と一口に言ってもその対象（旅客、貨物）や交通手段（道路交通、公共交通など）、空間スケール（都市間、都市圏、都市、地区など）はさまざまであるが、本節では主に旅客を対象とした都市〜都市圏スケールのマルチモーダルな交通計画のことを扱う。以降で「都市」の語は主に空間スケールを限定する意図で用いており、都市と農村部や過疎地とを対比させることは基本的に意図していない。

### 需要追随型アプローチの時代

人によって捉え方はずいぶん異なるかもしれないが、試案としてわが国の都市交通計画の歴史的展開を**図2.3.1**のように整理してみた[(2)]。左から順に背景、政策目標、施策アプローチ、データ収集・調査手法、分析・計画検討手法、実施手法と置いて流れを描いてある。

都市化という大きな趨勢もさることながら、都市交通計画が今日までの変遷をたどることとなった主要な背景の一つが自動車の登場と普及であり、それを都市の中にうまく受け入れるという社会的要請であったことに議論の余地はないだろう。道路や鉄道といった交通インフラが貧弱だった最初期には、喫緊の重要目標であった交通安全と混雑緩和を実現するために、増大する需要を賄うインフラを整備して供給を拡大しようとする施策が取られた。もともとは需要予測の技術がないままに計画が立案されていたが、1950年代にアメリカから交通工学とともに自動車OD調査が導入され、将来のネットワーク上の道路交通量を計量的に予測した上で都市の道路網計画が立案されるようになった。

1960年代になると、総合的な交通計画の必要性が叫ばれるようになる。1963年に英国で出版され、後年まで交通計画・交通政策に絶大な影響をもたらした『都市の自動車交通（Traffic in Towns）』[3)]、通称「ブキャナン・レポート」

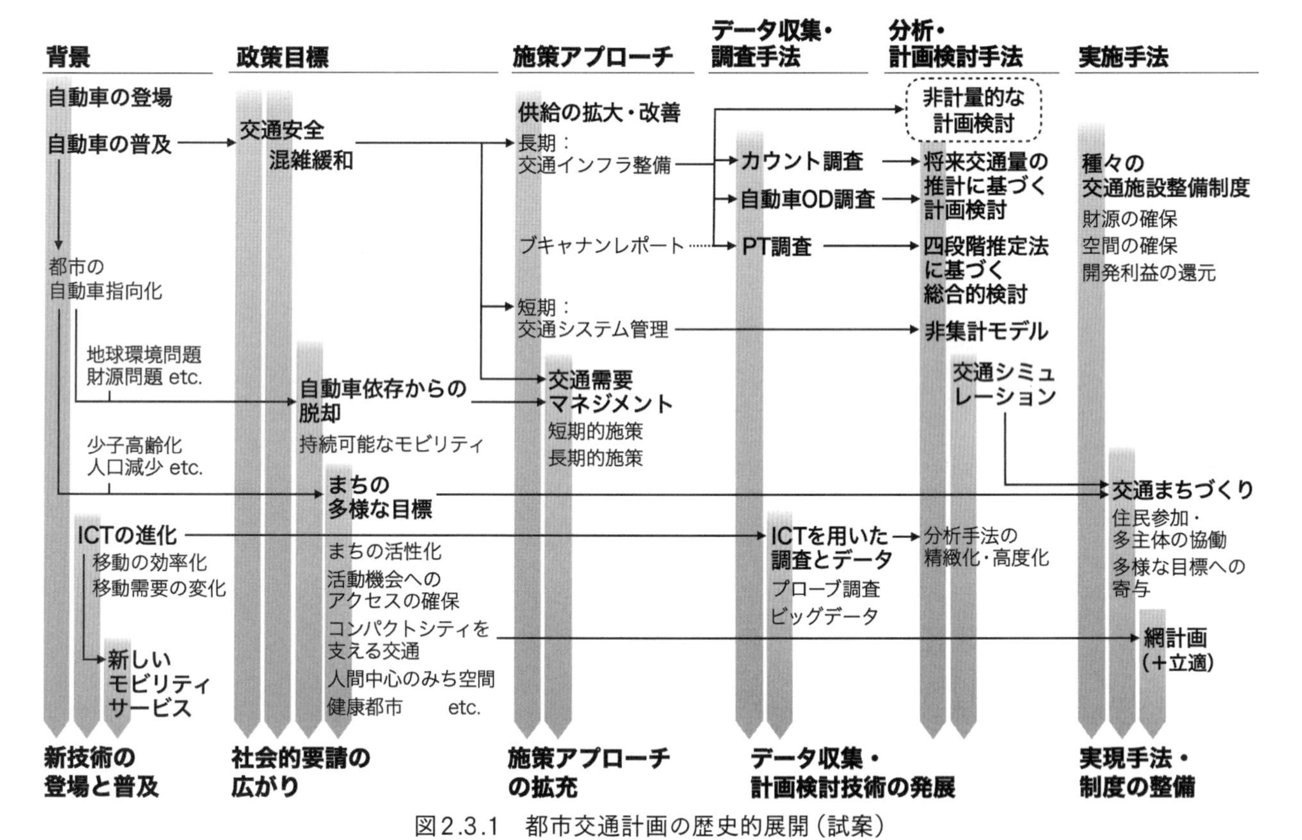


図2.3.1　都市交通計画の歴史的展開（試案）
（高見[1]の図1を著者が一部改変して作成）

も然りであった。ブキャナンらは、「われわれが声を大にして言いたいことは、将来において生ずると思われる主な交通需要を評価し、自家用乗用車を含めて、利用できる輸送手段に対するこれらの需要の割当て方を示すべきだということである。…このような計画を持とうとすれば、必然的に土地利用計画と、交通輸送計画の統合を推し進める必要がある」と主張した。すなわち、道路計画や鉄道計画といった単一の交通施設の計画でなく交通手段全般を対象とし、かつ将来の土地利用とも整合する、二つの意味で「総合的」な交通計画を立案する必要性を説いたのである。あらゆる交通手段による人の移動を把握するパーソントリップ（PT：Person Trip）調査の導入や、交通手段分担の段階を含む四段階推定法による計画検討技法の開発と適用はこれと同時期であり、軌を一にしたものと言える。

しかし、交通インフラの整備は実現までに長い期間を要し、交通需要の増大になかなか追いつかない。1970年代になって混雑や公害の問題が深刻化すると、短期的に実施できる交通システム管理（TSM：Transportation System Management）と呼ばれる考え方が登場した。TSMは、既存インフラの運用・管理ならびにそれを活用したサービスの調和を図ることで、交通システム全体の効率性や生産性を最大化することをねらう施策群である。バスレーンの導入や信号制御の改善など既存の道路空間を効率的に利用する施策を中心に、急行バスの導入や乗り継ぎの改善といった公共交通サービスの向上や、混雑地域での自動車交通を削減するための都心流入規制なども含まれる。これと同時期に研究と適用が進められた非集計分析の手法は、従来一般的に用いられてきた集計分析より理論面で優れるとともに、きめ細かな施策の評価を行うことができる点でTSM施策のニーズに応えるものであった。

### 新しいアプローチ：需要側のマネジメント

人口増加や自動車の普及につれて交通需要が増大する時代に、交通インフラを新たに整備し、また既存のインフラの有効活用を図る必要があったことは確かである。しかし、1990年前後からこのような需要追随型アプローチの限界、つまり需要にあわせて道路を整備し続けるのが財政的・空間的に困難であることが認識されるようになる。加えて、当時高まりつつあった地球環境問題への関心を背景に、環境的な持続可能性が重要視されるようにもなった。道路を整備した結果として自動車交通の増加に拍車がかかり、環境に甚大な影響が及ぶことは望ましくない。モータリゼーションは人々のライフスタイルを自動車指向型に変え、自動車を使って暮らすことが便利になるように都市の空間構造を変容させてきたが、そうした自動車に依存する生活や都市の形から脱却することが政策目標として重要になってきたのである。

そこで登場したのが、移動の意思決定主体に働きかけて交通需要の側を変容させようとする交通需要マネジメント（TDM：Travel Demand Management）の考え方であった。TDMはある時間帯・ある空間に過度に集中する需要を分散または抑制することをねらいとして、移動の時間帯・交通手段・経路の変更、車両の効率的利用、交通の発生源の調整を促すものである。これらTDM施策と供給の（控えめな）拡大とを組み合わせて一つのパッケージとしての施策群を立案する「統合パッケージ型アプローチ」への移行は、都市交通計画における重要なパラダイムシフトであった。

### 広がる社会的要請と実現手法

自動車指向化した都市の形は、超少子高齢化・人口減少という人口統計上の趨勢とも相まってさらなる課題をわが国の都市に投げかけ、交通計画はますます多様な要請に応えることが期待されるようになった。

2.1節で説明されたとおり人の移動の多くは派生的需要としての交通であり、人が生活していく上で行わなければならない基礎的な活動の場所や、必須でなくとも行いたい活動の場所へのアクセスを可能にすることは交通計画の本旨と言える。市街地の郊外化につれて活動機会の立地が拡散したり公共交通が弱体化したりした都市においては特に、自動車を利用できない人にも活動機会へのアクセシビリティを十分に確保することが重要な社会的要請となっている。国が重点的施策として推進しているコンパクトシティ・プラス・ネットワークの意図の一端もそこにあり、骨格的な幹線とフィーダーの両面で「ネットワーク」を形成すべき交通の役割は大きい。

都市の主要な拠点たる中心市街地の活性化に貢献することは、コンパクトシティが求められる文脈以前から交通計画への要請の一つとしてあった。自動車での来街を受け止める駐車場は、公共駐車場の整備や附置義務駐車施設の設置が進み量的に充足してきたが、それぱかりか中心部の空洞化とともに青空駐車場が増え、魅力や街並みの連続性が損なわれてしまっている街が少なくない。こうした中、もっぱら自動車のためにつくられてきた道路・街路や駐車場の空間を、そこを通る歩行者やそこにたたずむ人のための空間として取り戻そうとする政策的ムーブメントが世界的に起こっており、わが国にも波及している。

これらの背景と政策目標の広がりは、住民参加と多主体の協働を基本に幅広い目標の実現に寄与することを目指す「交通まちづくり」の思想と実践の普及と関わっている。のみならず、2014年の地域公共交通網形成計画（現在の地域公共交通計画）と立地適正化計画、条例や「地域ルール」などを通じた過剰な附置義務駐車施設の削減や駐車場の適正配置、さらには2020年の歩行者利便増進道路（通称「ほこみち」）と滞在快適性等向上区域（通称「まちなかウォーカブル区域」）など、交通と土地利用や都市環境の調和に寄与する計画やその実施のための新たな制度・手法の創設につながっている。

### 情報通信技術の発展と交通

情報通信技術（ICT：Information and Communication Technology）の発展は1.3節で紹介されたように新たな交通サービスを誕生させて人々の移動手段に新たな選択肢をもたらし、移動のスタイルを変えつつある。それだけでなく、2.1節のとおり、ICTを基盤とするさまざまなサービスの登場・普及は移動需要を量的にも質的にも変化させてきた。

量的な側面について、例えばオンライン会議や動画配信サービス、ネット通販などは従来であれば外出して行っていた活動を外出することなくできるようにし、すなわち人の移動を情報（や物）の移動に置き換えている。逆に、レストランの口コミ情報を見つけたことがきっかけでその店へ行ってみる、他者とのコミュニケーションを容易に取れるようになって会う機会が増えるなど、情報によって外出活動やそのための移動が誘発されることもある。

質的な側面では、例えばカーナビやスマートフォンから道路混雑状況や鉄道の運転状況の情報をリアルタイムに得て、渋滞や遅延を回避するよう行動を柔軟に変更できるようになり、移動は大いに効率化された。また、移動中にスマートフォンやタブレットなどを使って時間を有効に過ごせるようになったことは、移動の負の効用と時間価値を低下させている。

加えてICTは、プローブパーソン調査や交通関連ビッグデータといった新たな方法での交通データの収集を可能にしてきた。プローブパーソン調査はGPSが搭載された移動端末を用いて被験者の詳細な時空間位置の情報を収集する調査である。交通関連ビッグデータは、交通系ICカードの利用履歴、自動改札機の通過ログ、携帯電話の基地局在圏情報やGPS位置情報、AIカメラによる映像解析などに基づき、移動に関する大量のデータを収集・蓄積したものである。これらとあわせて、移動の経路や量の可視化、それと移動者の属性とを掛け合わせた把握、まちなかや観光地における回遊行動の分析など、高精度かつ大量のデータを活用した分析の精緻化や高度化も進んでいる。従来の手法では得ることが難しかった知見を得て、長期と短期の計画や施策に活かすことができるようになりつつある。

以上をまとめると、これまで交通計画の展開を促してきた主な要因として、①自動車やICTといった新技術の登場と普及、②交通安全・混雑緩和からまちの多様な目標への貢献までの社会的要請の広がり、③もっぱら供給側の拡大・改善を目指すアプローチから需要側施策とのパッケージ化という施策アプローチの拡充、④より計量的で科学的な計画検討と施策立案を指向するデータ収集・計画検討技術の発展、⑤交通施設整備から参加・協働での計画の立案と実施へと広がる実現手法や制度の整備——の5点を挙げることができる。

## (2) これからの交通計画：課題と展望

1章で説明された時代背景のもと、交通計画は現在、確実に次の転換点にさしかかっている。すなわち、高齢化・人口減少への対応や脱炭素化という重くかつ喫緊の課題を受け止め、その他の幅広い社会的要請とともに応えるのと並行して、新しい交通手段・交通サービスを都市や社会にうまく受け入れる方策とその実現の道筋を描くことが求められている。

### 交通の新技術・新サービスがもたらすもの

1.3節で概説されたように、自動運転車を含む新しい交通手段・交通サービスがもたらす影響の一端は、人々がより便利、自由かつ低廉に移動できるようになることである。しかし、それらが交通や都市に与えている、または今後与えることになるであろう影響は、ポジティブなものばかりではない。

フランス・パリでは2018年に民間によるeスクーター（日本で言う電動キックボード）のレンタル事業が始まったものの、5年後の2023年には一転して事業禁止に至っている。その背景には駐車スペースの不足、無秩序な利用、安全面の懸念の高まりなどによる市民の反対があったとされる。北米で一定の地位を得ているライドヘイリングは、既存公共交通の利用減を招くとの見方と、そのラスト1マイル・ファースト1マイルの移動を担ってむしろ好影響をもたらすとの見方の両方があるが、道路交通に関しては頻繁に生じる乗降によりサービス水準に相当な悪影響をもたらしたとの指摘がある。自動運転移動サービスについては、乗客同士の乗合を多く生じさせるような車両の運用をしなければ総走行距離は増加するとの分析結果がある。

従来交通不便だった郊外部や過疎地域において利便性が高まることは、人がそこに住み続けられるようになって地域の持続性を高める点でポジティブな影響が期待される。しかしその反面、居住地の拡散を促し（または集約が進まず）、日本中の少なからぬ都市が指向している市街地のコンパクト化に逆行することも容易に想定される。

まさに都市部への人口流入が進み、自動車の保有と利用が急増していた交通計画の草創期を彷彿とさせる。この「モータリゼーションの再来」とも言うべき状況への対応を、交通計画は迫られることとなる。

### モータリゼーションの再来にどう立ち向かうか

こうした状況にあって都市の交通計画を考えるとき、従来は存在しなかった、あるいは存在していても計画の中に明確に位置付けられることの少なかった、多様なプレイヤーの存在を無視することはできない。シェア型交通サービスの事業者や、個別事業者の供給するサービスを束ねるMaaSオペレーターなどが、移動を需要し実際に移動する移動者と交通インフラを供給し運用する（主に公的な）主体との間に多数存在するようになり、いずれ相当な量の移動需要を賄うかもしれない。しかし、それらが交通や都市にとって真にポジティブな影響をどれだけもたらすかは未知数の面がある。

加えて、言わずもがなであるが、移動者にはMaaSを介さずに各種事業者の交通サービスを利用する選択肢も、自家用車や自転車など他の移動手段を保有し利用する選択肢も、そして自分の足で歩く選択肢も残されている。あらゆる路面交通は道路という交通インフラを競合的に利用することになるし、道路の交通空間をもっと人間中心の空間として活用したいという政策ニーズとも競合しうる。交通システム全体における各主体のあるべき位置付けを見定め、プレイヤー間の競合関係を解き需給バランスを保つために取るべき施策を、交通インフラの整備・運用から各プレイヤーや移動主体に対する規制・誘導などの介入まで幅広く検討し、見出して実現を図る必要がある。

近年の新たなプレイヤーであるシェアリング事業者への介入の例として、アメリカではライドヘイリングやeスクーターシェアリングに対し、種々の規制のほかに事業者や利用者への課税や課金を行っている州や都市がある。その主な意図は、ハードやルールの整備が追いつかないまま新しい移動手段が爆発的に利用されるようになったために生じた問題への短期的な対処であり、需要を抑制することや公共交通の収入減を埋めることにある。ごく最近のわが国では、2023年の改正道路交通法で電動キックボードなど「特定小型原動機付自転車」の車両区分が設定され、通行場所や通行方法などのルールが定められたが、不足している中速交通手段の走行空間の確保も含めた総合的な対応が求められる。

もっと遠い将来、自動運転車が完全に普及した時代における交通空間・交通サービスのあり方については、全米都市交通担当官協議会（NACTO：National Association of City Transportation Officials）の提案[4]が有名である。人間中心の街路の実現という政策トレンドを堅持しながら自動運転をベースとした新しい交通手段や交通サービスを上手に受け入れようというのがその基本スタンスである。

交通システム全体についてNACTOの提案は、多様な移動需要に応えるさまざまな交通手段が登場する中、皆が自動運転車でのドア・トゥ・ドアの移動を指向したら街路空間は車両に覆い尽くされてしまうと問題視する。プライシングを通じて乗合の交通手段へ誘導するなど、街路空間の効率的利用を促すインセンティブを与えることで車両サイズを適正化する可能性を指摘している。その受け皿として空間効率性の高い骨格的な乗合交通機関は未来においても重要であるとし、賑わう地区や高密な地区の間を大容量の公共交通で結び、需要の疎な地区にはそれに応じた交通サービスを導入するというふうに、需要とマッチした交通ネットワークを構築することを原則の一つに掲げている。

より細かな街路空間のつくり方・使い方の面では、シームレスな移動を可能にするため、ドア・トゥ・ドアやハブ・トゥ・ハブの個別交通手段と乗合の公共交通などさまざまな手段を乗り継ぐ利用が便利に行えるように街路空間をレイアウトし、また乗り継ぎポイントとしてのモビリティハブを各所に配置する空間像を描いている。駐車車両や一般車両のための空間を縮小して歩行者や自転車のために再配分すること、それとあわせて自動運転車の車群間隔を適宜開けるようコントロールして歩行者横断の安全性と利便性を高めること、動的なプライシングも活用して、乗降・荷さばき・飲食など時間帯によって変動するニーズに応じた柔軟な街路空間利用を促すこと――なども提案されている。

これら一連の提案はあくまである未来の時点におけるビジョン、「青写真」であり、その像に到達する道筋まで示したものではない。しかし、時に「破壊的」とも形容される新しい交通サービスの波に押し流されることなく都市交通の未来のあるべき姿を描いたものとして、示唆に富んでいる。

### 不確実な未来へ向かって

交通計画の未来を考えるにあたってもう一つ重要な点は、長期的な不確実性への対応である。いわゆるデジタルトランスフォーメーションが進むと人々はリアル空間での体験にどれほどの価値を認めるのか。一方で移動の不効用がどう変化し、結果としてリアル空間での活動と移動がどの程度指向されるのか。自動運転車も、いつどれくらいの技術レベルの車両が実用化されるのか、価格と普及のペースはどれほどか、自家用としての保有とシェアリングでの利用のそれぞれがどの程度選好されるか、といった逃れ難い不確実性をまとっている。さらには、今の時代からは想像もつかないようなデジタルサービスや移動手段が登場し、生活や行動のスタイルが根本的に変化する可能性も否定できない。

自ずと人々の短期的な行動選択も、中長期的なモビリティ保有や居住地選択などに関わる決定も、現在から見れば高度に不確実となる。

将来の交通需要や施策のアウトカムを予測・評価して計画や政策を立案する技術を培い、実践してきた交通計画者として、不確実性そのものを低減するための努力は当然に求められるにせよ、十分に確度の高い予測をすることは相当に難しいと思われる。とすれば、意思決定者が不確実性の存在を含みつつ極力適切な決定を下せるように交通計画の手法やプロセスを構築することが重要となる。

Marchau et al.[5)]によれば、不確実性には**図2.3.2**に示すレベルがある。外的条件が十分明確に見えているレベル1や、十分には見えていないがその確率分布はわかるレベル2であれば、情報収集や分析を改善することで従来の交通計画の手法でも対処しうる。少数の「もっともらしい未来」が見えているというレベル3への対処には、その未来を仮定してのシナリオ分析が有効であろう。しかし「もっともらしい未来」が多数あるレベル4aや未来のことは全く未知というレベル4bになると、従来手法での対処は困難である。こうした「深い不確実性」に対処する方策として、多数の未来シナリオのモデル分析を通じてアウトカムのデータベースを構築し、その中から頑健な戦略を模索するRobust Decision-Makingや、政策的アクションを転換すべきティッピングポイントを

| | 完全な決定論 Complete determinism | レベル1 | レベル2 | レベル3 | レベル4（深い不確実性） | | 完全な無知 Total ignorance |
|---|---|---|---|---|---|---|---|
| | | | | | レベル4a | レベル4b | |
| 外的条件 | | 十分に明確な未来 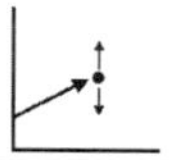 | 代替的な未来（確率付き）  | 少数のもっともらしい未来 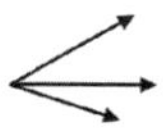 | 多数のもっともらしい未来 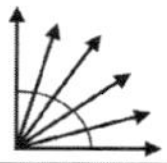 | 未知の未来 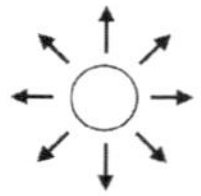 | |
| システムモデル | | 単一の（決定論的な）システムモデル | 単一の（確率的な）システムモデル | 少数の代替的なシステムモデル | 多数の代替的なシステムモデル | 未知のシステムモデル；未知だと知っている | |
| システムのアウトカム | | 各アウトカムの点推定 | 各アウトカムの信頼区間 | 限られた幅を持ったアウトカム | 広い幅を持ったアウトカム | 未知のアウトカム；未知だと知っている | |
| 重み | | 単一の重みセット | 複数の重みセット（確率付き） | 限られた幅を持った重み | 広い幅を持った重み | 未知の重み；未知だと知っている | |

図2.3.2　不確実性のレベル

（Marchau et al.（eds.）[5)]のTable 1.1をもとに著者作成）

見出し、状況変化への適応性の高い政策パスを時間軸上に描こうとするDynamic Adaptive Policy Pathwaysといった手法が提案されており、交通計画への適用性も検討の価値があると考えられる。

交通計画の立案プロセスについて、Jones[6]は「予測して供給する（Predict and Provide）」考え方から「ビジョンを描き検証する（Vision and Validate）」考え方へ転換することを提唱している（図2.3.3）。前者は将来の交通パターンに生じる問題を予測し、（主に供給側の）改善策の効果を評価して、実施すべき交通投資を特定するものであった。一方、後者ではまず都市や地域の未来のビジョンを描き、その実現に対して交通計画がいかに貢献できるかを見定めることに主眼を置く。すなわち、ビジョンを実現するための施策案を複数策定し、外的条件がどのようであれば各案を実施することが妥当となるかを分析・検証することで、頑健な交通投資を特定しようとする。ますます広がる社会的要請を満たすことが求められる中、不確実性に対処しながら明確なビジョンの実現への道筋を描く計画プロセスの考え方として参考となろう。

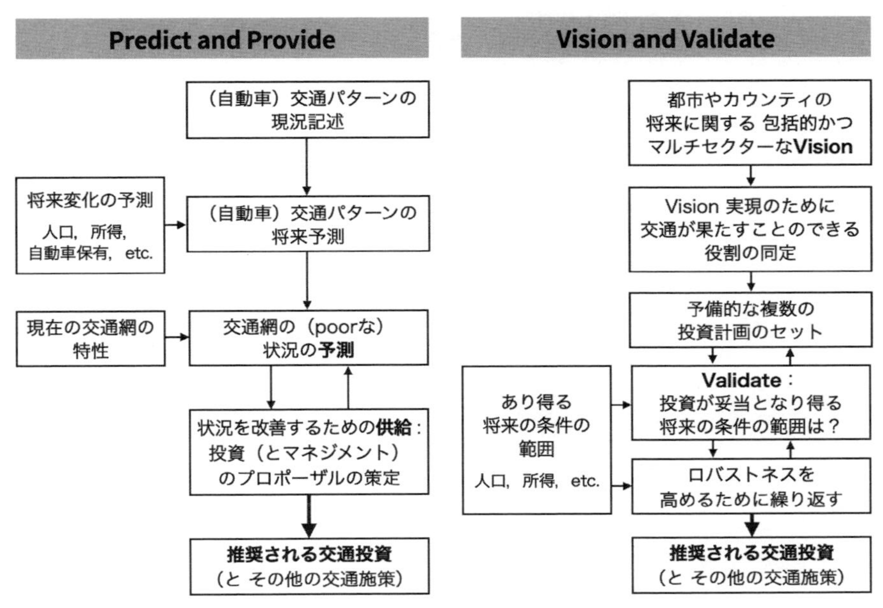


図2.3.3　Predict and ProvideからVision and Validateへ

（Jones[6]の図を著者が一部翻案して作成）

## 補注

(1) 本節は高見[1)]の内容を増補・再構成したものである。
(2) 本項の特に1970年代までの記述は、新谷・原田（編著）[2)]に多くを拠っている。

## 参考文献


1) 高見淳史（2021）「『これからの都市交通計画』論」，都市計画，No.353，pp.40–43.
2) 新谷洋二，原田昇（編著）（2017）『都市交通計画 第3版』，技報堂出版.
3) Buchanan, C.（1963）*Traffic in Towns: A study of the long term problems of traffic in urban areas*, HMSO.（邦訳：八十島義之助，井上孝（共訳）（1965）『都市の自動車交通：イギリスのブキャナン・レポート』，鹿島出版会.）
4) NACTO（2017）“Blueprint for Autonomous Urbanism, Module 1 ¦ Fall 2017, Designing Cities Edition”.
5) Marchau, V., Walker, W, Bloemen P. and Popper, S.（eds.）（2019）*Decision Making under Deep Uncertainty: From Theory to Practice*, Springer.
6) Jones, P.（2016）“Transport Planning: Turning Process on its Head – From ‘Predict and Provide’ to ‘Vision and Validate’”, Presented at the UCLTI Radical Transport Conference.

3章

# 地域への取り組み方と新しい動き

本章では、近年の少子高齢化の進展や、観光市場の拡大といった社会的背景の変化による、従来からの交通事業者主体による通勤・通学の移動へのサービス提供から、行政（地方自治体）や住民等地域との共創による日常生活や観光へのモビリティへの取り組みへの変化を踏まえ、地域別または観光といった対象別によるモビリティ確保の課題や特性別の方策について、それらの方向性を考えていく。

---

## 3.1 地域交通を考える上での視点

地域のモビリティの取り組みは、従来からの交通事業者主体による通勤・通学の移動へのサービス提供から、行政（地方自治体）や住民等地域との共創による日常生活や観光へのモビリティへの取り組みへと変化しつつある。そこで、本節では、地域別または観光といった対象別によるモビリティ確保の方策について考える。

### (1) 自動車依存のデメリットと事業者の不足

自動車への依存に起因する問題には、都市部を中心とした道路混雑による、所要時間増加、経済損失や排出ガスによる環境負荷の増大がある。一方で、鉄道やバスといった公共交通の利用者減少や、それに伴う公共交通事業の経営悪化による減便や路線廃止が長期的に続いている状況にある。

したがって、自動車を利用できないと、移動の手段がないため、外出に制約を受けることになる。図3.1.1に自動車免許の保有別の1日あたりの移動回数

表3.1.1　自動車免許の保有有無別　1日あたりの移動回数[1)]

（単位：回/日）

| | | 全国 | 三大都市圏 | 地方都市圏 |
|---|---|---|---|---|
| 平日 | 免許あり | 2.07 | 1.97 | 2.19 |
| | 免許なし | 1.71 | 1.73 | 1.68 |
| 休日 | 免許あり | 1.66 | 1.58 | 1.74 |
| | 免許なし | 1.10 | 1.09 | 1.11 |

をみると、地域や平休日に関係なく免許がない場合の移動回数が少ない傾向がわかる。つまり、自動車の利用可否が外出、すなわち日常生活に影響を与えることが容易にわかる。

自動車保有形態別の1回あたりの移動回数を表3.1.2に示す。自分専用の自動車があれば、時間や場所を自由に選択して移動できるものの、そうでない場合には、自動車保有を行わない人は家族で共用するため利用の時間を調整したり、他の家族の運転に同乗するため時間帯を合わせたりして移動することになる。しかしながら、他の家族の都合による時間帯や所要時間が制約されるため、必ずしも自由に移動ができないことになり、その結果として移動する回数が減少するといえる。

家計の支出における交通に関連する支出の割合をみると、公共交通運賃への支出割合は、2000年以降コロナ前までほぼ2%で推移していたが、コロナ禍で若干減少した。その一方で、自動車購入・維持費の割合は、2000年以降は全国でみると、6%から8%に増加しており、地域別に見た場合、3大都市圏よりその他の地域の自動車購入・維持費の増加が高く、地方部での自動車依存によ

表3.1.2　自動車保有形態別の1日あたりの移動回数[1)]

（単位：回/日）

| | | 利用可能な自動車 | | |
|---|---|---|---|---|
| | | なし | 家族共用 | 自分専用 |
| 平日 | 全手段 | 1.72 | 1.92 | 2.23 |
| | 自動車 | 0.30 | 0.83 | 1.49 |
| 休日 | 全手段 | 1.16 | 1.61 | 1.75 |
| | 自動車 | 0.46 | 1.02 | 1.31 |

る家計への負担は大きい。

ここで、バス事業者の状況をみると、バスの運転者数はコロナ以降減少傾向にあるが、バス運転者に必要な大型二種免許の保有者数も、労働人口の減少と比較して減少傾向が大きく、また、ドライバーの高齢化が進んでいる。その他、賃金水準や2022年公布・2024年施行の「自動車運転者の労働時間等の改善のための基準」による労働時間の規制により、必要となるバスドライバーの増加への対応が困難となり、バス路線維持の課題が顕在化している。

また、公共交通事業者の事業収支状況をみると、コロナ前はバス及び鉄道事業者の概ね7～8割が赤字であったものの、コロナ禍においてはほぼすべての事業者が赤字となり、利用者が回復傾向にあったとしても、公共交通事業の維持が困難である状況には変化がないとみられる。

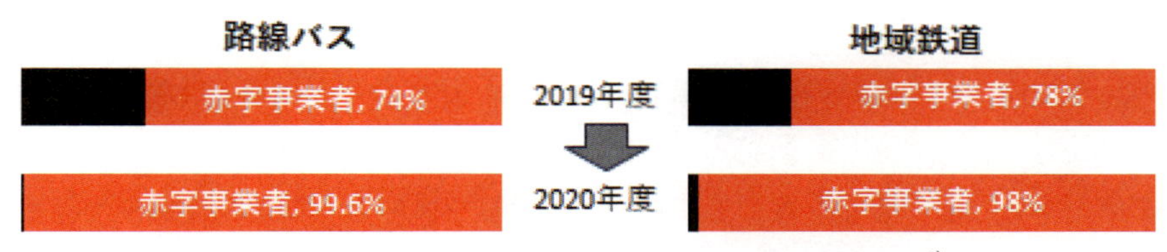


図3.1.1 コロナ前後における赤字事業者の割合[2)]

## (2) 多様な手段の組み合わせによるモビリティ

上記のように、地域における住民のモビリティの確保の課題としては、過度な自動車への依存があり、また自動車利用できない場合の移動手段としての公共交通も事業者の経営や人員確保といった点で課題があることから、現状の交通事業者の経営判断によったモビリティ確保も限界がある。

そのような中、行政主導による、地域公共交通の持続可能性を確保する方策として、ネットワーク上に軸と拠点を定めことが重要となり、図3.1.2に示すような「幹・枝・葉」の交通のように考える。「幹の交通」は、航空や新幹線のような都市間交通、「枝の交通」は路線バスや地域鉄道などの一定程度需要のある地域交通、「葉の交通」は、近距離・小規模交通に対応するタクシーやデマンド交通等の地域交通である。それぞれの軸にて、対象とする需要に応じて、

図3.1.2 「幹・枝・葉」の交通の考え方[3)]

一定の目標水準とする運行頻度や回数を設定することが求められる。

対象とする需要には、住民の通勤・通学、買物・通院やその他私事といった市民生活のための移動のほか、市外からの通勤･通学者の利用や、観光客といった来訪者の利用である。観光客も対象とすると、公共交通の利用者や収入確保を増やすことができるため、来訪者にも利用しやすいような情報提供やサービスのあり方を考える必要がある。様々な外出需要に対応するには、時刻表が気にならない程度の便数を確保し、1時間あたり3～4本のパターンダイヤ（15分間隔や20分間隔）といった工夫が望ましい。生活需要に対しては、通学・通院といった特定時間帯の需要（朝、昼、夕）や、買物等の日常の外出に困らない程度の需要への対応（2時間に1本程度）といった設定方法もある。

## (3) 協働による組織の形成

地域公共交通の確保にあたっては、過去から現在にわたって行われてきた、各交通事業者の経営判断による地域の交通の確保が、経営上困難になってきていることから、交通事業者間と行政や市民等による連携・協働による地域公共交通の確保といった方策を考える状況になりつつある。

3大都市圏といった大都市では、質・量ともにサービスを拡充する方向を目指すが、地方都市では、中心部では複数事業者による過当競争が起こる一方で、郊外は赤字路線を抱えている場合も多くみられることから、交通事業者間の競争から、地方自治体の協議会の組織を通した事業者間での協調への転換が求められる。

事業者間での協調には、駅や中心市街地における、複数事業者による独自のダイヤ設定による不均一な運行間隔を、等間隔にして利便性を上げること、複数事業者による共同運行や路線毎に事業者を分担すること、幹線と支線を分割するハブ・アンド・スポークの路線にすることや、運賃の共通化といったことがある。なお、交通事業者によるサービス提供が困難な交通空白地等では、ボランティアによる自家用有償運送の活用や、病院や商業施設への送迎車両の活用といった取り組みもある。

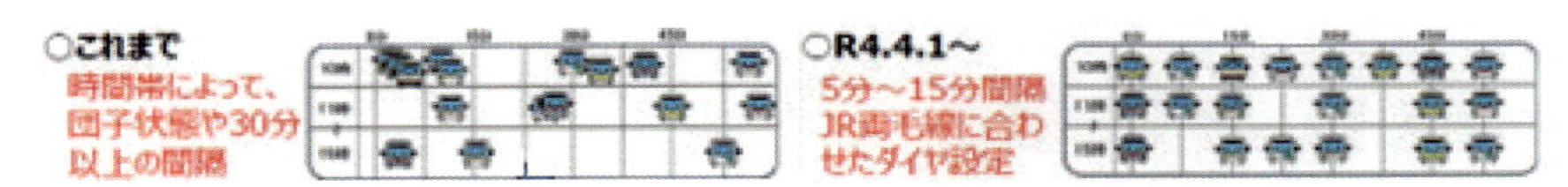

図3.1.3　共同経営計画による等間隔運行の実現（前橋市）[4)]

地域公共交通の確保にあたっては、事業者間と地方自治体との連携の他に、住民も連携に加わることもある。図3.1.4に示すように、住民は、従来からの交通事業者が提供するサービスに対して、運賃を支払いサービスの提供を受けることの他に、自治体が主導になるコミュニティバスやデマンド交通など、地域住民が計画や運行に関与する際に、地域住民組織（自治会、町内会等の地域コミュニティ）が、住民の意見を集約して地方自治体側と協議を行うことがある。ここで、地方自治体は住民組織の意向を踏まえて、バス事業者やタクシー事業者等の交通事業者とサービス等を協議して、委託等による契約に基づきサービスを提供する。

この場合、地域住民の意向や意見は地方自治体を通して伝えられるため、住民と交通事業者との直接の協議や合意形成は行われないが、バス事業者と路線新設、延長。また増便を一定数の利用や収入の基準について協定を締結することや、住民による定期券や回数券の購入といった一定額の費用負担といった方法で住民が参画する事例もみられる。

地域住民組織との協議において、交通手段の確保のみではなく、その外出先による活動の場である、買物や通院の先の他、私事や地域コミュニティ活動へ

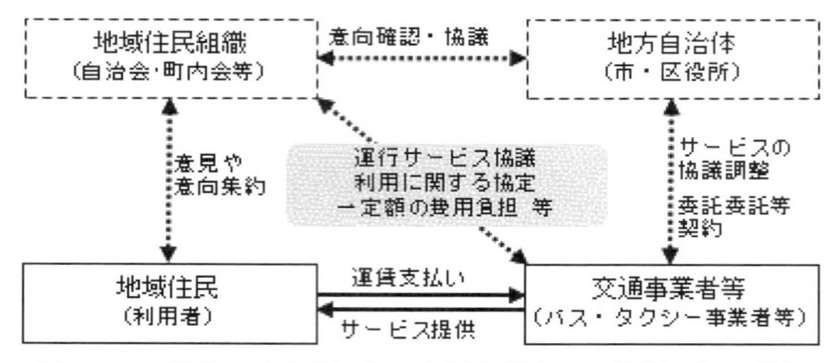

図3.1.4 住民、地方自治体、交通事業者との役割分担と関係

の参画といった、生活のニーズ全体についての協議や議論を通した、まちづくりの方向性や移動先へのアクセシビリティ確保を担うコミュニティの役割といった観点も必要とみられる。

## (4) 新たな技術へ対応

モビリティの確保のニーズがあるものの、ドライバー不足等といった公共交通の担い手が不足といったことから、地域の移動の足を確保できない課題がある中、最近着目されているのが自動運転であり、国内外で実証実験が開始されている。

旅客向けの車両に着目すると、短距離移動、既存バス路線や基幹輸送といった移動サービスの種類に応じて種類が分かれており、それぞれの速度をみると、短距離では定員10名程度の超小型バスで時速20km/h、既存バス路線は、定員30名程度の小型バスで時速40km/h、基幹輸送の大型バスでは、60km/hと性能がかなり異なる。

モビリティギャップを補完する状況を考えると、短距離移動の自動運転バスが該当する。2017年に実施されたスイスのシオンにおける実証事例では、駅周辺や中心商業地内部にて導入されており、自動車との混合交通の他、店先の歩行者空間におけるトランジットモールを徒歩との混合交通としても走行する。歩行者との錯綜を避けるために停車回数が多くなり、移動速度は決して速くないものの、移動が困難な高齢者等の移動や回遊のための手段の確保という点では有効である。その一方で、交通安全等の観点から自動運転に対する市民

図3.1.5　自動運転バスの実証実験（スイス シオン 2017年）

の受容性が求められることや、市民の受容性が得られとしても、完全自動運転でなければ、安全確保の乗務員も必要となること等、コスト削減の効果が限定的になることも注意が必要となる。

公共交通における情報通信技術（ICT）の活用について、昨今では、ICTを活用して交通をクラウド化し、人々の目的（トリップ）単位の移動ニーズに応じ、複数の公共交通やシェアリングモビリティを含んだ移動サービス（モビリティ）を最適に組み合わせ、検索、予約、決済などを一括で行うサービスである、Mobility as a Service（MaaS）があり、地域の課題解決等にも資すると期待される。

ツール（アプリ）としてみると「スマホ1つでルート検索、予約、決済や発券まで行え、自動車や自転車等の移動の所有から利用へ」だが、アプリの開発を目的としておらず、モビリティの統合により、新たな選択肢を提供して、自動車という魅力的な移動手段同等か、それ以上に魅力的な移動サービスにより、持続可能な社会の構築を目指すものであり、個人の趣向に合わせたなサービスである。ただし、現在稼働中で利用可能な交通手段と効率的な公共交通システムがあることが前提となる。

MaaSに関連する要素には、公共交通の運行情情（鉄道やバス等の経路時刻表、経路、リアルタイム運行情報）、運賃・料金の設定、決済（キャッシュレス決済、や定額料金等の多様な運賃システム）に加え、地理的情報やシェアモビリティとの連携が求められる。したがって、日本の大都市のように、鉄道やバスの事業者が複数存在する場合、各データやサービスの連携をどのように組み立てていくかが1つのカギとなる。

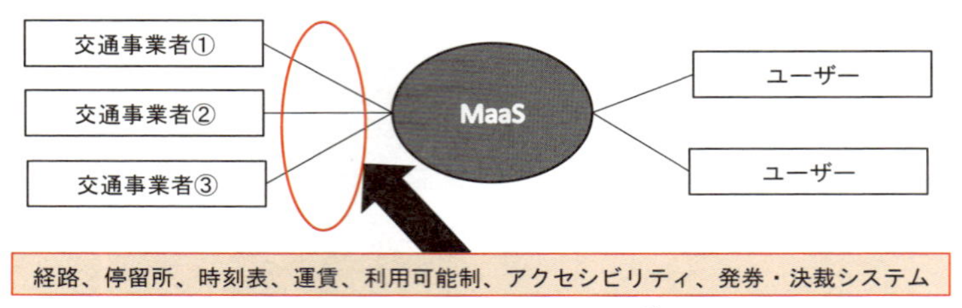


図3.1.6　MaaSの概要[5)]

参考文献

1)　国土交通省：主都市における人の動きとその変化～令和3年度全国都市交通特性調査集計結果より～，国土交通省都市局都市計画課 都市計画調査室，pp.36-37.
2)　国土交通省：令和5年度　交通政策白書，p.79，2023.
3)　国土交通省：「地域公共交通計画」の実質化に向けたアップデート～モビリティデータを活用した，無理なく，難しくなく，実のある計画へ「地域公共交通計画」の実質化に向けた検討会中間とりまとめ，pp.25-26，2024.
4)　国土交通省：地域公共交通優良団体国土交通大臣表彰について　令和5年 群馬県前橋　市，2023.（https://www.mlit.go.jp/sogoseisaku/transport/sosei_transport_tk_000042.html）（2025年1月31日アクセス）
5)　青木啓二：自動運転バス技術と実証実験事，第21回 地域バス交通活性化セミナー「新たなモビリティサービスと地域公共交通　～ MaaSとは何か～ 」，2019.（https://www.ecomo.or.jp/environment/bus/pdf/bus-21th_seminar_aoki.pdf）（2025年2月4日アクセス）
6)　牧村和彦：MaaSが都市を変える移動×都市DXの最前線，2021.

# 3.2> 大都市郊外におけるモビリティの確保

## (1) 大都市郊外地域のモビリティ問題

### ①高齢者の自家用車依存度の高まり

人々の交通手段の選択には、移動者個人の特性を含む様々な要因が関係していると考えられるが、一般的には出発地から目的地までの移動（トリップ）の距離と、その移動に利用可能な交通手段の選択肢およびそれらのサービス水準の影響が大きいとされている。図3.2.1の左は、首都圏居住者の自宅発トリップにおける自動車利用率を、市区町村単位で集計したものである。都心から外側にある地域ほど、自動車への依存度が高くなっている様子が伺える。図3.2.1の右は、居住地を都心（東京駅）からの距離によって区分したうえで、当該居住地を出発する高齢者の私用目的（買物、通院、余暇、送迎など）での移動における2時点（2008年、2018年）の自動車利用率を示している。居住地が首都圏の中心部から離れるにつれて、私用目的での外出に自動車が使われる割合が増加している。また、いずれの距離帯に属する地域においても、2008年から2018年の10年間で自動車利用率は増加しており、都心から40km以遠の地域では50%を超えている。東京都心から20～30km以遠に広がる地域、いわゆる郊外地域では、高齢者の日常的な移動における自家用車への依存が進行している。自家用車の普及や運転免許保有者の増加、居住地および目的地の分布の

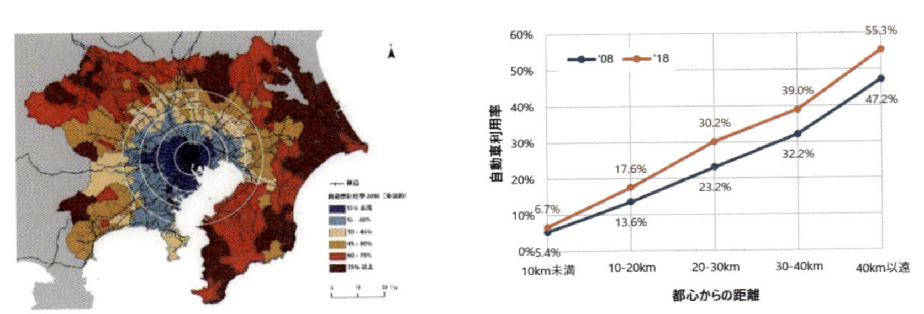


図3.2.1　首都圏居住者の自宅発トリップにおける自動車利用率

（左：全年齢・全目的 ｜ 右：高齢者・私用目的）

変化など、様々な要因が複合していると考えられる。

②自家用車の利用可能性と移動量

ある地域における自家用車以外の交通手段、すなわち徒歩や自転車、公共交通等による出かけやすさは、その地域で暮らす人々の外出率や、1日あたりの移動回数（トリップ数）に影響する。**図3.2.2**は、地域の自家用車依存度（同地域を出発するトリップにおける自動車利用率）および個人の自動車利用可能性（自ら運転して利用できる自家用車の有無）と、1人1日あたりの移動回数の関係を年齢階級別に示したものである。30-64歳以降では、1人1日あたりの移動回数は加齢に伴って減少する傾向がみられる。また、自動車依存度が高い地域（自動車利用率≧60％）では、低い地域（同＜30％）に比べて自動車利用可否による移動回数の乖離が大きく、80歳以上のカテゴリで両者の比は約3倍となっている。これは、自家用車の代替交通手段に乏しい地域に居住する高齢者

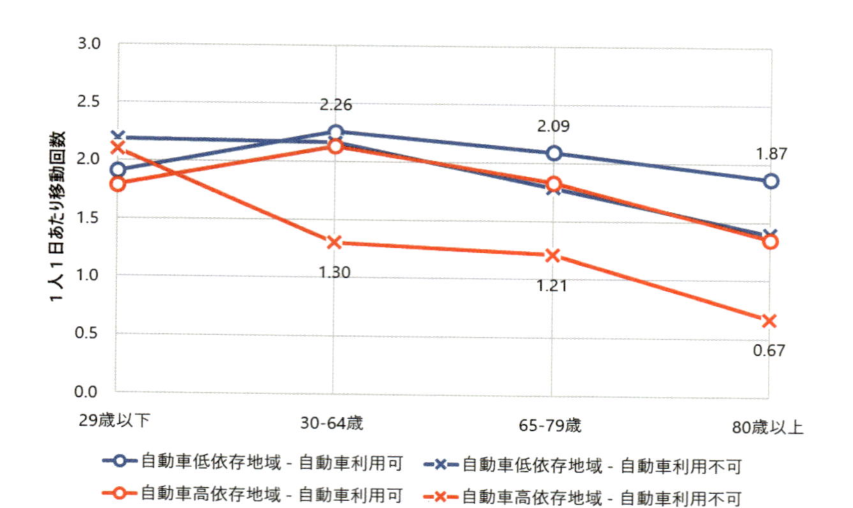


注1. 東京都市圏パーソントリップ調査結果（2018年）に基づき筆者作成。単独で外出ができる個人のデータを集計対象とした。
注2. トリップ出発地（計画ゾーン単位）の自動車分担率が30％未満の地域を「自動車低依存地域」、60％以上の地域を「自動車低依存地域」とした。
注3. 運転免許保有かつ世帯で自家用車を所有している個人を「自動車利用可」、免許非保有または世帯で自家用車を所有していない個人を「自動車利用不可」とした。

図3.2.2　地域および個人の特性と1人1日あたり移動回数

が自動車を利用できないと、外出や移動の頻度が大きく低下することを示唆している。

## (2) 自家用車依存を抑制する小量乗合輸送サービス

### ①交通結節点（鉄道駅）への移動のしやすさの意義

前節で述べた通り、首都圏の郊外地域では高齢者の自動車利用率が増加しており、自動車が利用できない場合は外出や移動が低水準となっている。自動車以外の手段による外出頻度や移動量の低下は身体活動量（歩行量）の減少につながり、そのことが長期的には個人の健康にも影響し得る。

首都圏の郊外には鉄道駅を中心とした住宅地が広く分布し、そうした地域では徒歩＋公共交通（バス、鉄道）というトリップが多い。駅から鉄道に乗り継ぐ場合もあれば、駅前の商業施設等が目的地となる場合もあり、人々が駅に向かう理由は様々だが、自宅と交通結節点（鉄道駅）の間の移動のしやすさは、鉄道沿線地域の居住者にとって重要な問題である。

首都圏では、鉄道駅への移動および鉄道駅からの移動の約80％は徒歩[1)]であるが、人々が無理なく歩ける（認知的な）距離は加齢とともに減少[2)]し、発着地の高低差が大きい場合にはさらに短くなる[3)]と推察される。

したがって、鉄道沿線の郊外住宅地における高齢者の外出頻度を維持し、健康リスクを低減するには、徒歩の代替交通手段の確保が重要といえる。一般的な選択肢としては電動車椅子、自家用車での送迎、タクシー、バスなどが想定されるが、誰もが気軽に利用でき、移動者1人あたりの環境負荷が小さく、一定の身体活動（歩行）を伴い、他者と触れ合う機会が多いなど、交通手段としての包摂性や他分野への貢献可能性という点においてはバスが優れている。ただし、ここで論じている政策のターゲット層（自家用車を利用できず、徒歩移動の負担が大きい高齢者等）の人口ボリューム自体は小さく、総括原価方式を原則とする乗合バス事業のスキームで必要なサービスを供給し続けるのは困難である。こうした政策課題においては、地域公共交通会議などを活用して、少量かつ重大な移動ニーズに応えるモビリティサービスのあり方を協議し、バスやタクシーなどの既存の輸送資源の活用と連携を図りながら、持続可能な運営形態を機敏に構築していく、地域主導型の交通計画とその実践が必要となる。

②地域モビリティサービスの試行と評価

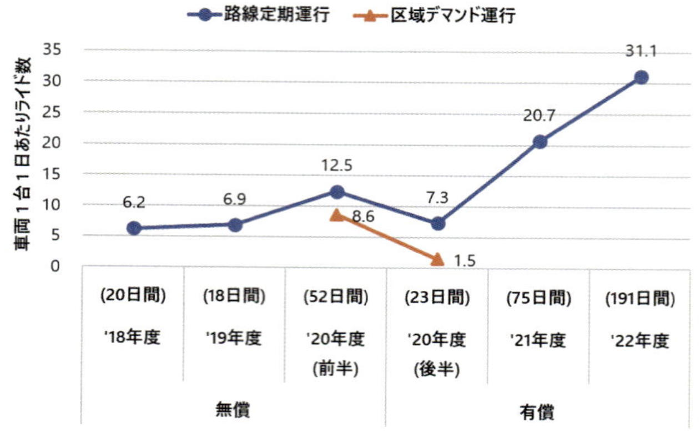

図3.2.3　「とみおかーと」の車両1台1日あたりライド数

ここでは、多様な主体による地域モビリティサービスの共創事例として、首都圏郊外の丘陵住宅地における小量乗合輸送システム導入の取り組みについて述べる。神奈川県横浜市金沢区の富岡西地区は、1960年代後半から京浜急行電鉄株式会社（以下、京急）が開発を続けてきた人口約1.6万人の郊外住宅地であり、京急富岡駅西側の丘陵地に一戸建てを中心とした住宅群が連なっている。この地域は険しい坂や狭隘な道路が多く、路線バスのサービスも限定的で、京急富岡駅までのアクセスに課題を抱えている。そこで京急は、横浜市および横浜国立大学と連携し、小型車両による乗合輸送サービス「とみおかーと」の実証実験を2018年度に開始した。この実証実験では、産官学の主導による5年間のPDCAサイクルの中で、様々なサービス形態が試行されてきた。毎年度の実験結果は地域の利害関係者（自治会、町内会、商店街など）と共有され、サービス内容の修正とプロジェクト支援体制の強化が機敏に続けられてきた。その結果、車両1台1日あたりのライド数は、無償運行期間の終盤（2020年度）で約14だったものが、有償運行期間の終盤（2023年度）には約31まで倍増している。

## (3) 活動の場づくりと交通計画の一体的推進

**図3.2.4　富岡薬局前おかまちリビングおよび関連イベントの様子**

前述の「とみおかーと」は鉄道端末交通手段である。移動の多くは派生需要であり、富岡の居住者が駅や駅前に用がなければ、「とみおかーと」が使われることもない。そこで、地域居住者の駅近傍での活動機会を増やし、「とみおかーと」の需要拡大につなげるため、京急は「富岡薬局前おかまちリビング」という新たな地域交流拠点を、駅前の低利用施設を借用する形で開設した。この施設は、住民が休憩や趣味の活動などに自由に使えるほか、「とみおかーと」の待合所も兼ねている。「とみおかーと」の発車予定時刻や車両の現在位置情報などがサイネージに表示され、安心して快適に待ち時間を過ごすことができる。また、「おかまちリビング」では、富岡地域のまちづくり活動に多様な世代を巻き込むため、横浜国大の学生チームが、親子で楽しめるようなイベントを月1回のペースで開催している。当初は参加者も少なく、イベントの企画運営も全て学生が行っていたが、粘り強く活動を続けるうちに認知が広まり、参加者は順調に増えている。また、地域の住民や事業者もコンテンツを提供するようになり、学生と地域が協働でイベントを運営する体制に進化しつつある。このように、まちづくり施策とモビリティ施策を一体的に進めることで、地域居住者の地域内活動を活発化し、人々のつながりを強化し、地域モビリティサービスの利用者や支援者を増やすことにつながると考えられる。

## 参考文献

1） 東京都：東京における地域公共交通の基本方針，東京都都市整備局，2022.

2） 内閣府:平成26年度 高齢者の日常生活に関する意識調査結果，内閣府政策統括官（共生社会政策担当），2014.

3） 早内玄，中村文彦，有吉亮，田中伸治，三浦詩乃：高低差・勾配の交通手段選択への影響に関する研究，土木学会論文集D3（土木計画学），Vol. 75，No. 5（土木計画学研究・論文集第36巻），I_565-I_574，2019.

# 3.3> 地方都市、中山間地域のモビリティ確保

## (1) 自家用車依存の課題

自家用車依存が進んだ地方都市や中山間地域では、交通分野の家計支出が高い傾向にある。**表3.3.1**は、2019年に総務省統計局が実施した「家計調査」から求めた「公共交通運賃等[脚注1]」と「自家用車維持・利用」に関する費用[脚注2]を示したものである。全国の市区町村を「政令指定都市、特別区」、左記の市区を除いた「15万以上の市」、「5万以上15万未満の市」、「5万未満の市町村」と人口規模別に区分した結果、小規模自治体ほど自家用車維持・利用への家計支出が卓越する状況にあり、「5万未満の市町村」は「政令指定都市、特別区」よりも、交通分野への家計支出が年6万円ほど高い。

交通事業者の独立採算が原則とされてきた日本の地域公共交通は、運賃等への家計支出が少ないほど、サービス水準が低くなりやすい。そのため、自家用車依存が進んだ地域では、家計支出の負担に加え、家族の送迎に費やす時間も大きくなる。企業等の東京一極集中に関する懇談会（国土交通省国土政策局）が実施したアンケート調査結果では、東京圏への移住要因となった地元の事情として、女性の場合、進学先や仕事のミスマッチと同等に「公共交通機関が不便であること」が挙げられた[1)]。自家用車依存の課題は、生活のみならず、地域の持続性の点からも課題が多いと言える。

表3.3.1　交通分野の家計支出（2019年）

| | 交通分野の家計支出 | 公共交通運賃等 | 自家用車維持・利用 |
|---|---|---|---|
| 政令指定都市、特別区 | 226,125 | 72,800 | 153,325 |
| 15万以上の市 | 249,243 | 52,536 | 196,707 |
| 5万以上15万未満の市 | 268,379 | 45,911 | 222,468 |
| 5万未満の市町村 | 286,289 | 29,065 | 257,224 |
| | （円） | （円） | （円） |

総務省「家計調査」より筆者作成

自家用車依存の高い地域では、高齢ドライバーが惹起する交通事故も課題の一つに挙げられる。免許人口10万人あたりの年間死亡事故件数（2018年）では、75歳未満の運転者が3.1件である一方、75歳以上の運転者は6.9件[2)]となり、2倍以上のリスクがある。そのため、高齢ドライバーに対して、運転免許の自主返納（申請による運転免許の取消）を促す取り組みも見られる。**図3.3.1**は、各県庁所在地の自家用車維持・利用への支出額に対する公共交通運賃等の支出比（家計支出比とする。2019年：家計調査に基づく）と、各都道府県の免許返納者割合（2019年）との関連を示したものである。75～84歳の返納者割合上位5都府県は、公共交通への家計支出が相対的に大きいほど、免許返納者割合も高い傾向があり、公共交通が移動手段の選択肢として選ばれている地域では、早い段階で免許返納が検討されやすい状況にある。一方、85歳以上の返納者割合は、家計支出比との相関がほとんど見られず、代替可能な公共交通サービスの有無に関わらず、免許返納を判断せざるを得ない状況に置かれている可能性がある。

**図3.3.2**は、国勢調査（2020年）から得た、各都道府県の農林漁業に従事する年齢層別人口比率と免許返納者の割合との関連を示したものである。農林漁業に従事する割合が高い県は、運転免許返納者の割合が相対的に低く、84歳以下の年齢層では相関も高い。農林漁業が盛んな地域ほど、自家用車の保有が「生業」と密接に関わっており、高齢ドライバーの交通事故リスクを軽減する方策（安全運転支援装置の導入促進、運転技能講習など）と、高齢者が「無理に運転しなくても済む」移動手段の提供とを組み合わせていくことが現実的で

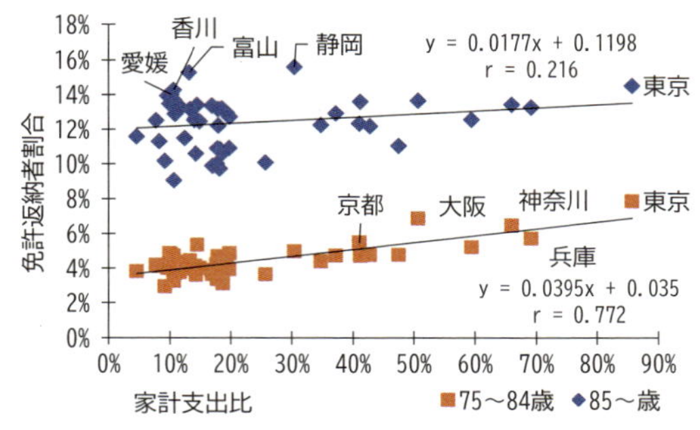


図3.3.1　交通分野の家計支出と免許返納者割合

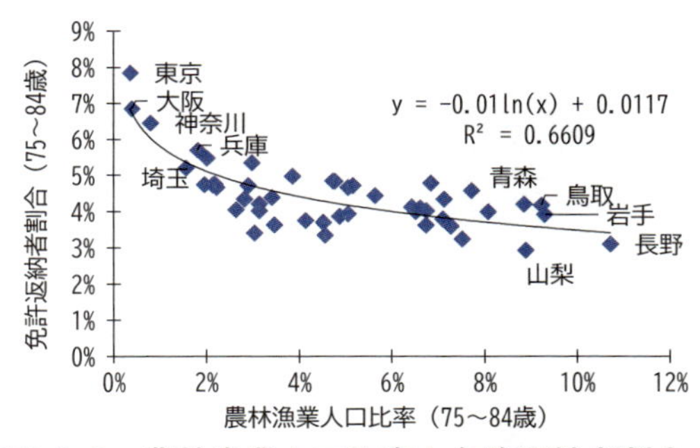


図3.3.2　農林漁業人口比率と免許返納者割合

あると考えられる[3)]。

## (2) 地域交通の再設計

人口減少、超高齢社会と一括りにされるが、その傾向は、都市規模により異なる。**表3.3.2**は、国立社会保障・人口問題研究所が公表した『日本の地域別将来推計人口（平成30（2018）年推計）』の市区町村別結果から、年少人口と高齢人口を合計した「地域密着人口」と75歳以上人口の推移を示したものである。2015年の国勢調査人口を基準にすると、「政令指定都市、特別区」以外は人口減少が続く一方、地域密着人口のピークは「15万以上の市」で2040年と遅く、「5万未満の市町村」でも緩やかな減少だが、その背景には、75歳以上人口の増加が挙げられる。

地域密着人口は、通勤や高校などへの通学を伴う生産年齢人口と比べ、日常生活圏が狭い傾向にあると考えられるが、75歳以上人口の増加が卓越することを踏まえると、短距離移動に適した公共交通サービスへのニーズが高まると考えられる。一方で、人口規模が少ない市町村は、75歳以上人口が2030年頃にピークを迎える可能性があり、小規模自治体は、より早期にピークとなる可能性がある。そのため、地方都市や中山間地域では、公共交通で規模の経済性を発揮させることがこれまで以上に困難となり、サービス提供の持続性が課題となる。自動運転技術への期待が高まる一方、市民生活にどう作用するかが不確実な現状では、交通サービスの担い手自体を多様にすることや、他のサービスとの「組み合わせの経済」を追求することが必要である。**表3.3.3**は、旅客

## 表3.3.2　都市規模別人口推計

| 年次 | | 2015年 | 2020年 | 2025年 | 2030年 | 2035年 | 2040年 | 2045年 |
|---|---|---|---|---|---|---|---|---|
| 人口 | 政令指定都市、特別区 | 1.00 | 1.01 | **1.01** | 1.00 | 0.99 | 0.97 | 0.95 |
| | 15万以上の市 | **1.00** | 0.99 | 0.97 | 0.95 | 0.92 | 0.89 | 0.86 |
| | 5万以上15万未満の市 | **1.00** | 0.98 | 0.95 | 0.91 | 0.87 | 0.83 | 0.79 |
| | 5万未満の市町村 | **1.00** | 0.95 | 0.89 | 0.83 | 0.78 | 0.72 | 0.66 |
| 地域密着人口 | 政令指定都市、特別区 | 1.00 | 1.04 | 1.05 | 1.07 | 1.10 | 1.15 | **1.17** |
| | 15万以上の市 | 1.00 | 1.03 | 1.03 | 1.02 | 1.03 | **1.06** | 1.05 |
| | 5万以上15万未満の市 | 1.00 | **1.03** | 1.01 | 0.99 | 0.98 | 0.99 | 0.97 |
| | 5万未満の市町村 | 1.00 | **1.00** | 0.97 | 0.93 | 0.88 | 0.85 | 0.80 |
| 75歳以上人口 | 政令指定都市、特別区 | 1.00 | 1.19 | 1.40 | 1.47 | 1.47 | 1.50 | **1.60** |
| | 15万以上の市 | 1.00 | 1.19 | 1.41 | 1.48 | 1.45 | 1.45 | **1.50** |
| | 5万以上15万未満の市 | 1.00 | 1.14 | 1.33 | **1.40** | 1.38 | 1.35 | 1.35 |
| | 5万未満の市町村 | 1.00 | 1.05 | 1.17 | **1.22** | 1.19 | 1.13 | 1.06 |

**太字**　指数が最大となった年次

## 表3.3.3　旅客運送と貨物輸送との「組み合わせ」に関する制度

| | 旅客自動車運送事業 | | | 自家用有償旅客運送（公共ライドシェア） | 貨物事業による旅客運送 |
|---|---|---|---|---|---|
| | 乗合事業（路線バス等） | | 貸切バス タクシー | | |
| | ＜350kg | ≧350kg | | | |
| 対象地域 | 制限無 | | 制限無※1 | 制限無※2 | 制限無※1※3 |
| 運行管理者の選任 | 貨物の運行管理者選任は不要 | 貨物の運行管理者選任が必要（兼務可） | | 不要（一定以上の車両台数の場合、運行管理の責任者を配置することが必要） | 旅客の運行管理者選任が必要（兼務可） |
| その他 | 定員から控除された乗車人数に55kgを乗じた重量が上限 | | | 350kg未満であること<br>道路運送法78条3項許可または利便増進実施計画の認定等により可能 | 二種免許必要 |

※1　発地と着地がいずれも過疎地域以外の場合、①関係する地方公共団体、②旅客自動車運送事業者及び旅客をそれぞれ代表し得る者、③貨物自動車運送事業者及び荷主をそれぞれ代表し得る者による協議が調っていることが条件

※2　道路運送法に基づく地域公共交通会議で協議が調っていることが条件

※3　交通空白地有償運送の実施区域において、配送行為を行う株式会社が自治体等に協力して、配送ルートの途中で旅客を運送することも可能（2023年12月28日：事務連絡（国自旅第217号通達関連）

運送と貨物輸送との「組み合わせ」に関わる制度（2024年7月時点）を整理したものである。一般乗合自動車運送事業の許可を受けている場合、貨物軽自動車運送事業が使用する事業用自動車の最大積載量（350kg）を超えない範囲であれば、貨物運送の許可を受けずに貨物輸送との掛け持ちが可能であり、従前から可能であった。但し、現状では、旅客運送車両の許可経路（区域）外での混載はできないため、停留所間の幹線的な輸送が主体である。一方で、過疎地域における運転士確保の観点から、近年では、自家用有償旅客運送（公共ライドシェア）の制度変更とあわせて、貨物輸送との「組み合わせ」が弾力的に扱われるようになってきた。宅配サービスは、人口密度が低い地区も含めて広く提供されているが、自家用車で専ら移動する市民も含めて広く利用されていることが公共交通サービスとの違いである。このことを踏まえると、貨物輸送を基本に旅客の相乗りを進める試みが盛んになってもよいはずである。しかし、道路運送法をはじめとした制度が緩和されても、上記の取り組みに適した車両が国内で開発されていないことが課題である。

他方で、情報通信技術の高度化を背景に、個別最適化された交通サービスへの期待が高まるなか、その実装により、地方都市や中山間地域が抱える課題を一気に解決できるのでは、との意見も聞かれる。しかし、「行きたい時に、行きたい場所へ」運べる自由度が高い移動手段は、一人あたりの輸送コストが高額になり、廉価に利用したい市民ニーズとの乖離が生じやすい。また、人口密度が低い地域では「行きたい時」の調整がない限り、相乗りによる効率化が図られにくい。そのため、公的補助の投入額が拡大しやすく、運行継続の可否が行政に大きく委ねられる図式は、情報通信技術がより高度化する将来も変わらない可能性がある。こうした連鎖により、地域の移動困難者が取り残されてしまうのであれば、日常のおでかけに困っている地域住民に対象を絞った取り組みから始める「ボトムアップ」の視点を持ち続ける意義は、今後も失われないはずである。日常の外出に困り感がある高齢者は「行きたい時に、行きたい場所へ」を実現する移動手段を毎日必要としているとは限らず、外出自体を躊躇する方も少なくない。そこで、まずは、運転しない（できない）高齢者に対象を絞り、運行日を限定した「買物ツアー」のように、おでかけの「愉しみ」を移動手段とあわせて提供することで、「安心しておでかけできる」地域社会に一歩近づけることができるだろう。

脚注

(1) 鉄道運賃，鉄道通学定期代，鉄道通勤定期代，バス代，バス通学定期代，バス通勤定期代，タクシー代の合計額
(2) 有料道路料，ガソリン，自動車等部品，自動車等関連用品，自動車整備費，年極・月極駐車場借料，他の駐車場借料，自動車保険料（自賠責），自動車保険料（任意）の合計額

参考文献


1) 国土交通省ホームページ(https://www.mlit.go.jp/kokudoseisaku/content/001409459.pdf)（2024年7月31日アクセス）
2) 内閣府：令和2年交通安全白書，2020（https://www8.cao.go.jp/koutu/taisaku/r02kou_haku/zenbun/genkyo/feature/feature_01_3.html）（2024年7月31日アクセス）
3) 吉田 樹：運転免許自主返納に影響する要因と乗用タクシーの定額制運賃設定に関する考察，土木計画学研究・講演集，67，CD-ROM，2023.

# 3.4> 地方都市における共創の事例

鳥取県日南町における取り組み

## (1) はじめに

人口低密度地域である鳥取県日野郡日南町において、「地域公共交通の統合的取り組みによるモビリティ再生可能性」について、検討及び関係者協議を進めている。本論では、①社会的なMaaS展開の現場適用における課題、②交通サービス改善の必要性、③段階的統合化の提案の3点について、日南町における2019年～2022年度の検討、取り組みを通して紹介する。

## (2) 鳥取県日野郡日南町の状況

①日南町の概要

鳥取県日野郡日南町は中国山地のほぼ中央に位置し、東西に25km、南北に23km、総面積340.96km$^2$で鳥取県の面積の約1割を占めている。

人口は2020年において4,136人、高齢者数2,161人、高齢化率52.3%であり、少子高齢化、人口減少が進んでいる。

②日南町の公共交通

町内にはJR伯備線（2駅）のほか、町からの委託運行として定時定路線バス7路線、デマンド型交通5路線があり、3つの交通事業者により運行されている。このほか、交通空白地有償運送（NPOよる1路線）、乗用タクシー1社（3台で運行）が存在している（2020年時点）。

表3.4.1　日南町内の地域公共交通（3つの事業者により運行）

| 交通 / 事業者 | 町から委託 | | 空白地有償 | 乗用タクシー |
|---|---|---|---|---|
| | 路線型 | デマント型 | | |
| ㈱共立ソリューションズ | 6路線 | 2路線 | — | — |
| 日南交通㈲ | 1路線 | 2路線 | — | 3台 |
| NPO多里 | — | 1路線 | 1エリア | — |

③公共交通を取り巻く課題

2020年（令和2年）時点において、町から委託する定時定路線バスとデマンド交通は、朝夕の児童・生徒の通学対応としての定時定路線型運行と、日中の高齢者等の通院や買物が中心となるデマンド型交通（乗降ポイント型）が複雑なダイヤ構成の中で運行されていた。日中は路線、デマンド、学校対応（児童の帰宅対応）が混在し、曜日や便によっては運行方法が変わるなど、複雑な運行形態による分かりにくさや利用のしづらさが町民や利用者から指摘されていた。また路線、デマンド、タクシーなどの各種交通サービスの供給量が十分でない（利用したい時間帯や曜日に利用できない）課題への町民からの指摘もあった。

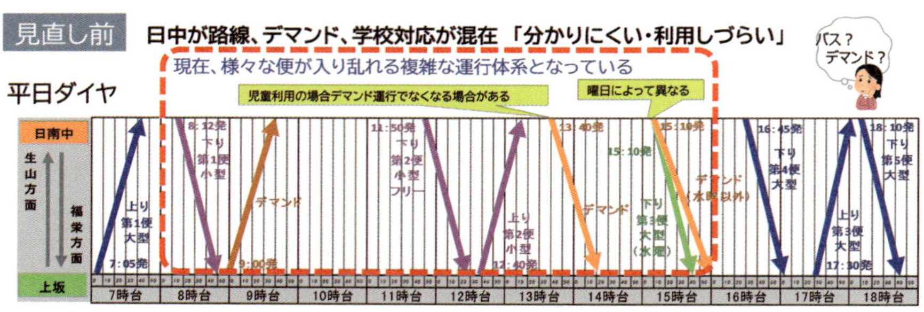

図3.4.1　運行状況（平日ダイヤ）（2020年時点）

## (3) MaaS展開議論の現場への適用性・課題の整理

モビリティ確保の課題解決の方法として社会的に広まるMaaSは有効な技術的手法の一つであり、我が国でも各地で実験的に進められている。

MaaSについて日南町の現場として考えた場合、端末交通を担う公共交通サービスは町委託の路線型バス・デマンド型交通と、民間タクシーは存在するもののサービスが限定的であり、またバス、デマンド、タクシー、NPOによる有償運送ともに経路検索・予約システムが未発達な状況にある。このため、技術としてのMaaS展開の議論の前にまず、「端末交通サービスの改善」に向けた計画や準備が必要となる。公共交通の運行・運営体制としては、町内の交通事業者が3社存在してそれぞれで運行している状況に対し、バス、デマンド、タクシーといった町内の移動手段が一体的に利用できるようになることや、異なる事業者間で車両やサービス対応の相互融通・連携することについて、必要性や有効性の意見や肯定的な意見が関係者間で挙がっていた。将来的に一体的に取り組む方向性（運営と運行組織の統合化）についての議論も進めている。

## (4) 日南町の公共交通の改善の取り組み

### ①公共交通の改善の取り組みの概要

まずは町内の公共交通サービスの改善に重点に置くこととし、令和元年度より一般財団法人トヨタ・モビリティ基金の支援を受け、交通サービス改善の検討を開始し、2020年（令和2年）11、12月には実証実験、2021年（令和3年）には公共交通の運営・運行組織の統合化に向けた方向性を検討した。その後、2022年（令和4年）10月より町内の交通サービス改善として町内全域デマンド交通の適用を行っており、あわせて町内の公共交通の運営・運行のあり方について検討を進めている。

**表3.4.2　日南町の公共交通の三つの課題への対応の取組み**

【課題1】利用者の不便さを解消する
（⇒アクセスしやすいドア・トゥ・ドアデマンドに変更）
【課題2】分かりにくさを軽減する
（⇒複雑さ解消、シンプルな運行スケジュールに変更）
【課題3】財源に見合った妥当な公共交通運行
（⇒町としてのモビリティの継続性確保）

### ②2020年（令和2年）度の実証実験（AIデマンド、ドア・トゥ・ドア）

3つの課題解決に向けた実証運行を2020年（令和2年）度に実施した。実証運行の概要は下記の通りであり、予約システム導入にあたり、運行事業者や運転士の協力に向け、説明を複数回重ねた。

実証実験期間の2020年（令和2年）11～12月はコロナ禍の中であったが、対象の路線（福栄線）のデマンド型交通単体としての利用者数は実験月のいずれも増加した。デマンド型交通と路線バス全体の福栄地区の利用者数と捉えると、それでも11月については増加（同月比105％）、12月は減少（同月比72％）

表3.4.3　実証運行の視点の整理

■新たなデマンド交通導入、交通再編実証実験
・実証実験期間：2020年（令和2年）11～12月
・実施エリア　：日南町福栄地区（実証実験としてまずはエリア限定）
・日中の運行すべて、ドア・トゥ・ドア型デマンドバス運行。
（午前1往復、午後2往復、方面と時間帯を固定する予約型交通として運行）
※朝夕の通学対応の定時定路線の運行は継続。
・予約・配車のシステム化（スマートフォン、電話による予約）
（2022年（令和4年）10月からは全町において上記デマンド交通を実施）

写真3.4.1　事業者への説明会

写真3.4.2　導入車両（右）

という結果であった（町全体の路線型交通は前年度比7～8割）。また、利用者の内約2割が「外出が増えた」とする回答が得られたことや、地域住民（デマンドを利用しない者も含む）の意見として、ドア・トゥ・ドアデマンドを必要とする割合が約6割、今後の利用意向を持つものも約6割となり、ドア・トゥ・ドアの必要性や有効性が確認できた。

③実証実験による改善の取り組みのまとめ

「課題1．利用者の不便さを解消する」については、アクセスしやすいドア・トゥ・ドアデマンド運行に変更したことが、上述の通り外出率の向上に繋がり、利用意向からも、必要性や有効性を定量的に確認できた。

「課題2．分かりにくさを軽減する」について、シンプルなダイヤ・運行スケジュールとするために、朝夕を除き日中は全てデマンド化（デマンドと定時定

路線の混在運行は解消）したことと、学校対応による不規則な運行休止発生を伴わない運用としたことで、かつてより住民から指摘されていた「分かりにくさ」を解消し、利用の信頼性向上に繋がった。

「課題3. 財源に見合った妥当な公共交通の運行」に対しては、運行本数は拡大せず再整理するという方法で利便性と分かりやすさを向上させる方法をとった。今回は1地区の取り組みとしたが過度な財政的負担拡大とせず町全体（6地区）に対応する可能性を確認した。

### ④2022年（令和4年）10月からの全町エリアのデマンド導入

実証実験の結果を受け、2022年（令和4年）10月より公共交通改善の実施（町内全域デマンド交通適用）を進め、加えて並行して町内の統合的な公共交通の運営・運行のあり方について検討を進めている。

2022年（令和4年）10月からの町内全域デマンド交通適用後の実態としては、デマンドとしての70代、80代を中心とした利用の効果などは確認され、生活の安心感（免許返納後等）の形成に寄与している状況が分かった。デマンドバスという予約に応じた交通手段であるが、中心部から放射状に集落が形成され、上り、下りの運行が必要となる日南町の地域特性から、需要の多い方面・時間帯の裏側に利用が少ない方面・便が発生している状況が利用実態や稼働状況から確認されている。一方、今後の日南町の公共交通の持続可能性のため、運賃値上げの妥当性や、事業者間の協働、連携の必要性の意見も得られ、ゆるやかな共同・連携から着手し、将来の組織化、協働体制の構築に向けた議論の必要性も確認できた。

### ⑤交通サービス改善後の取り組み（運営と運行組織の統合化に向けて）

日南町の公共交通は9割が行政負担であり、利用者の運賃による収入は僅か1割となっている。町内の公共交通維持には行政負担が不可欠だが、町民の理解や支援も必要である。また、町内には3つの交通事業者によりエリアを分けた路線型交通、デマンド型交通の提供と、町全体のタクシーによるサービス提供が行われている。限られた交通資源を効率よく、かつ利用者目線の一体的な交通サービスとしていくには、町全体として異なる事業者、交通サービスを一体的に運用していくことが必要であり、また課題となる。地域交通は誰が運営・運行するか、という点からみると、民営から公共に比重を置いた新たな運営・運行方式を作り上げることが妥当であり、日南町では将来的に交通事業を一体的に取り組む方向性（運営と運行組織の統合化）の検討、準備を進めている。

## (5) 日南町における「運営・運行組織の統合化」の提案

日南町は、中心部に目的施設が集中し、地域が東西に25km、南北に23km、総面積340.96km$^2$と広く、谷あい集落型で広く町内に分布するため、複数の交通システムの存続と連携が必要となる。地域のモビリティ改善のために「運営・運行組織の統合化」のかたちを提案し、関係者協議による方向性をとりまとめている。ここでは、日南町における「運営・運行組織の統合化」の提案について紹介する。

### ①運営（経営）・運行（供給）の組織と仕組みづくり

人口低密度地域では地域の公共交通を民営に任せることには限界もある。公共が主体となる運営を前提とし、多様な交通システムを一体的に運営する体系の構築が有効と考える。さらに、他の産業などを含めた多角的視点も併せ持つ運営体制として、共創を目指すことも長期的な将来像として考えている。

### ②運行（供給）の組織と仕組みをつくる

運営組織が一元化を前提としており、運行もバス・デマンド・タクシーの配車一体型のシステムをつくり、ドライバーのマネージメント（人材、地域資源）も含め、資源を相互融通する関係者協調型の仕組みを想定する。共助型交通など住民協力型交通の強化と連携も考えられるが、こちらについては事業者協議による組立てが必要であり今後の課題となる。

③日南町における運営と運行のあり方

実証実験で実施したように通常の方法論で改善することに加え、新たな視点である運営・運行統合を位置付けている。まずは令和4年度にデマンド交通の全町適用、システム導入を行っているが、今後の検討として3事業者統合の交通組織検討を短中期的に実現することを目標としている。その先に他事業との統合の姿を将来像と見据え目指している。

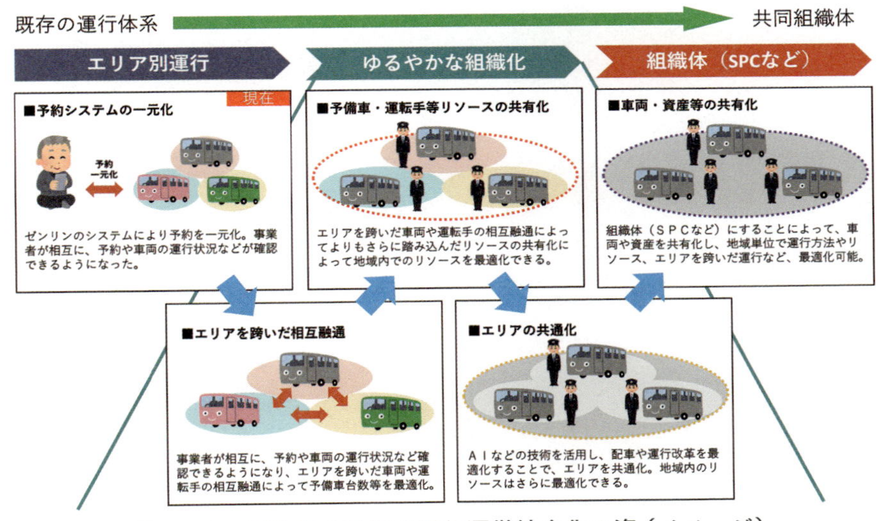


図3.4.2　日南町が目指す運行運営統合化の姿（イメージ）

参考文献


1) 国土交通省：数字で見る自動車2020.（https://www.mlit.go.jp/jidosha/jidosha_fr1_000047.html），（2022年4月アクセス）

2) 一般財団人自動車検査登録情報協会，自動車保有台数.（https://www.airia.or.jp/publish/statistics/number.html），（2022年4月アクセス）

3) 国土交通省：日本版MaaSの推進.（https://www.mlit.go.jp/sogoseisaku/japanmaas/promotion/），（2022年4月アクセス）

4) 藤垣洋平，TRONCOSO PARADY Giancarlos，高見淳史，原田昇，「統合モビリティサービスの概念と体系的分析手法の提案」，土木学会論文集D3，Vol. 73，No. 5，I_735-I_746，2017

5) 藤垣洋平，高見淳史，原田昇：統合モビリティサービスの概念，動向と論点，自動車交通研究，環境と政策，2017.

6) 高橋浩：IoTプラットフォーム市場における高付加価値化，経営情報学会2018年秋季全国研究発表大会，2018.
7) オーストリアの交通計画と運輸連合，2020年10月，中央大学研究開発機構と秋山のヒアリング調査による，2022.
8) 宇都宮浄人（2020）「地域公共交通の統合的政策」，pp. 70-75，東洋経済新報社，2020.

# 3.5> 日常交通等の組み合わせ観光向けモビリティの確保

## (1) 観光交通と日常交通の課題

沖縄県は観光客1000万人を目標に各種施策を実施し、2018年度にはその目標を達成した。人口は146万人程度であり、その8割以上が那覇市を中心とした沖縄本島中南部都市圏（読谷村・うるま市以南）に居住している。このため、この地域では住民と観光客による交通混雑が生じている。一方、居住者に対して観光客が多い石垣市や宮古島市などの離島、どちらも少ない小規模離島などでは、交通に関する課題は異なっている。まず、中南部都市圏について触れておく。

令和3年度全国道路・街路交通情勢調査によると、混雑時平均旅行速度は東京23区で13.9km/h、大阪市で14.0km/hであるのに対し、那覇市は10.5km/hとなっており、かなり混雑していることが分かる。2021年のETC2.0プローブデータから算出された沖縄県全体の渋滞損失は、一人当たり約55時間/年となっており、労働力換算すると生産年齢人口の5.5%に相当するとの結果が沖縄総合事務局資料より明らかになった。

この主要な原因の一つとして、県民の過度な自家用車依存が指摘されている。令和2年国勢調査によると、沖縄中南部都市圏における通勤・通学時の主な交通手段として、自家用車の割合が65%となっており、類似の人口・面積規模である広島市35%、神戸市23%と比較しても極めて高いことが分かる。この理由に通学の送迎交通が指摘されている。**図3.5.1**に児童・生徒の通学手段の調査結果を示す。これより、「たまに送ってもらう」を含めると、自家用車による送迎が小・中学生で6割以上、高校生では8割を上回っている。このように、子どもの頃から送迎されているため、大学生や社会人になった後も自家用車に過度に依存した社会になっていると考えられる。さらに、宜野湾市-中城村の断面を横切る南北の交通量は、国道58号（バイパス含む）、330号、329号、沖縄自動車道で約23万台/日と極めて多く、そこに普天間基地が存在することに

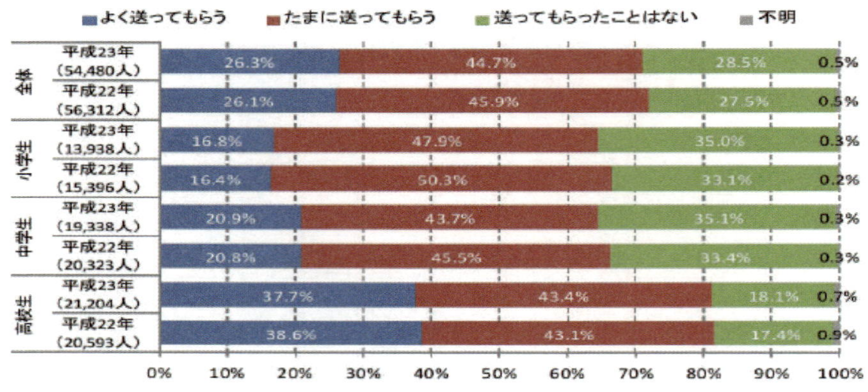


図3.5.1　那覇・浦添・宜野湾・沖縄市内小中高校の通学手段（沖縄県公共交通活性化推進協議会資料）

より、渋滞がさらに深刻になっていると考えられる。

沖縄県等では、基幹急行バスの取り組みやバスレーンの延長などの施策を講じており、部分的には利用者が増加している系統も存在する。しかし、全国と同様にバス運転手の不足による減便、これによるサービスレベルの低下、そして利用者の減少という悪循環が多くの系統で続いている。

観光客においても、令和3年度沖縄県観光統計実態調査によると、62%の方がレンタカーを利用している。

県民の自家用車、観光客のレンタカー利用による渋滞が大きな社会問題となっている。また、沖縄観光コンベンションビューロによる首都圏・阪神圏のz世代を対象としたアンケート調査より、約63%が旅行先で運転したくないと回答しており、運転免許取得率の減少も含め、今後の沖縄の観光施策における大きな課題として認識されている。

## (2) 観光交通が日常交通と共用できる領域

県民の移動需要を満たし、さらに観光客が公共交通でも沖縄を移動できる環境を構築することが、公共交通の持続可能性および交通渋滞の緩和に寄与できると考える。2019年石垣市において、筆者らの研究室でバスの乗降調査を実施した。この結果、川平湾や空港と市街地をつなぐ系統では、利用者の8割以上が観光客であった。

次に、中南部都市圏の移動について述べる。この地域における住民と観光客の移動実態をブログウォッチャー社提供のスマホアプリから取得できる位置情報を元に整理した。データ取得期間は2019年4月1日～2022年10月31日であり、コロナ禍期間を含むことに注意が必要であることを申し添えておく。ここでは、15分以上滞在した場所から次に15分以上滞在した場所の移動を500mメッシュ間で整理した。さらに、バスでの移動需要を考えるため、3次隣接以上のメッシュ間（当該メッシュと次のメッシュとの間に2つ以上のメッシュを挟む）での移動に着目する。

平日における県外客の移動量はどの時間帯（朝は6：00～8：59、昼は9：00～16：59、夕は17：00～19：59）においても、県民の数%である。しかし、**図3.5.2**に示すように、昼間の移動距離は県外客の方が長いことが分かる。

観光における移動需要を公共交通施策に組み込むことが、観光振興を通じた地域のモビリティ確保において重要だと考えられる。石垣市や宮古島市ではクルーズ船来航時において、島民がタクシーを利用しにくい状況が顕在化している。さらなる観光振興を図る上で、観光二次交通は大きな課題であるとともに、路線バスの活用方策として大きなチャンスともなりうる。

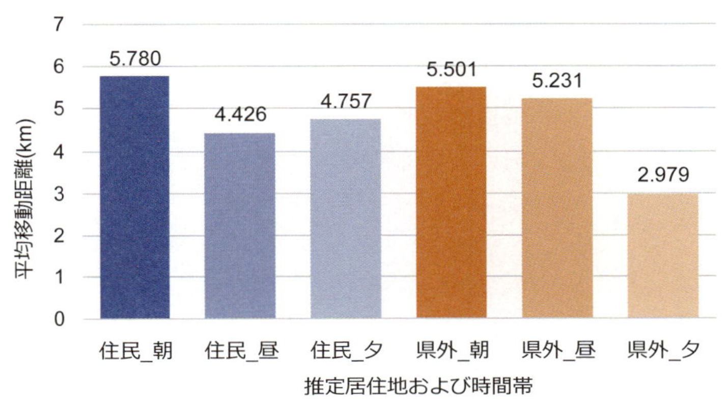


**図3.5.2　住民と県外客の移動量**

## (3) 小規模離島におけるモビリティの確保

小規模離島地域においては人口減少および高齢化に伴って多くの分野で担い手不足が深刻化している。一方で、高齢者の外出支援や介護予防、介護福祉サービスを必要とする人は増加している。このような課題に対し、交通分野からは共創をキーワードとした取り組みがなされている。『「〇〇」×交通』という形で、医療・福祉・買物・まちづくり等と交通をかけ合わせた取り組みが全国各地で実施されてきている。小規模離島の各産業・分野の規模は小さく、個々ではビジネスモデルは成立せず、事業の継続性に大きな課題が残る。地域の交通を維持しようにも、その人材が不足している。このため、上述の「〇〇」には「島」や「地域」といったそこでの「生活」すべてを含めたモデルとして検討しておく必要があるだろう。

ここで小規模離島における介護予防や高齢者外出支援の状況について簡単に述べておく。例えば、昼食の配食サービスや各島内での外出支援としてのお出かけサポート事業などがある。前者の担い手は弁当屋・商店・介護福祉施設・食堂などである。後者の担い手は介護福祉施設の他に、船舶事業者代理店が船に乗るための港への移動に対して無料で送迎を行っている。民宿の方が宿泊客を港に送迎するのに合わせて島の高齢者も同乗させたりもしている。このように多様な組み合わせが特に必要となっているのが小規模離島である。

さらなる人手不足に鑑みれば、例えば高齢者に対してはシニアカー、観光客に対してはシェアサイクルなど、自ら移動するモビリティを組み込んでおくことも肝要である。さらに言えば、島内での自動運転サービスも検討の必要性が高いと考えられる。地域包括ケアを観光×交通で支援する仕組みを構築することが、島の持続可能性を高める取り組みにつながると考える。

4章

# 交通計画を支える新しい技術動向と課題

4章では、自動運転やMaaS等に代表される、技術進展によって登場してきた新たなモビリティサービスを取り上げる。それぞれの技術や提供サービスの特徴、社会実装の状況、またそれらが有する課題を取り上げるとともに、各技術をどのように交通計画で取り扱い、地域でのサービス導入や検証に生かしていくのかといった視点にて述べていくこととする。

---

## 4.1> シェアリングサービスという考え方の浸透

### (1) 新しいタイプの車両の台頭：マイクロモビリティ

本節では、パーソナルなモビリティのシェアリングサービスとして、マイクロモビリティと呼ばれる電動小型の移動デバイスを紹介する。

①欧州におけるマイクロモビリティの定義

欧州では、2050年の温室効果ガス削減の目標に向けて、都市部では、持続可能な都市モビリティ計画（Sustainable Urban Mobility Plans：SUMP）の策定とともに、ファースト/ラストマイルを対象としたマイクロモビリティの導入、その共有化が提示されている。マイクロモビリティに該当する車両規格にはいくつかあり、電動アシスト自転車（250W以下、25km/h以下）やeスクーターなどは電動部分に関わる規格があるものの、その他の項目については国によって異なっているのが現状である。

②米国におけるマイクロモビリティの定義

米国では、短距離移動における自動車にかわる低コストの交通手段に対する需要の高まりから、マイクロモビリティが着目されるようになった。車両の定義については、連邦道路局では、マイクロモビリティの定義を「自転車、スクーター、電動アシスト自転車（e-bike）、電動スクーター（e-scooter）、その他の小型で軽量な車輪付き輸送手段を含む、小型で低速、人力または電動で動くあらゆる輸送手段。」としている。

## (2) シェアリングサービスを支える技術とサービス内容の向上

①車両をシェアリングする技術の進展

1）自転車のシェアリング

自転車のシェアリングに関しては、1965年にオランダアムステルダムで始まったWhite Bicycle Planが嚆矢とされている。この自転車シェアリングサービスは、施錠なしの自転車をある一定の範囲内で誰もが無料で利用できるものであった。しかし、このサービスは盗難の影響でうまくいかなかった。次に、1995年にデンマーク・コペンハーゲンで開始したコインデポジット型のBycykler Københavnは、自転車が鎖で繋がれ状態のステーションで、コインにより貸出・返却が可能なもので、簡易な盗難対策が実施されつつも無償で利用できるものであった。次に、2005年にフランス・リオンで開始されたLyon Vélo'vでは、ステーションと各自転車を固定するドックにより、クレジットカー

写真4.1.1　Bycykler København
（コペンハーゲン）

写真4.1.2　Lyon Vélo'v
（リオン）

ドによる貸出・返却時の決済、GPSによる自転車の管理が可能となった。現在では、スマートフォンアプリを使ったステーションレス･ドックレスによる「フリーフロート型」タイプのシェアリングサービスや、電動アシスト自転車を路上にて給電可能なサービスも普及してきている。

2) e-scooter（電動キックボード）のシェアリング

米国内において、立ち乗り型二輪の一人乗り用e-scooterを使ったシェアリングサービスが、2017年に導入された。その後2019年には、e-scooterシェアが自転車シェアを上回るほどに急速に普及し、米国だけでなく欧州でも多くの都市で導入が進んだ。普及が進んだ理由として、自転車より小型・軽量で、GPS機能の内蔵によりステーションレス・ドックレスによる車両管理が容易になり、スマートフォンを使って最寄りのモビリティにアクセスでき、ファーストマイル、ラストマイルにおいてファストモビリティサービスとして大きな役割を果たしたことが挙げられる。

2023年の業界年次レポートによると、欧州（27ヵ国＋英国、ノルウェー、スイス）におけるシェア型e-scooterの普及台数は51.4万台となっており、北米（カナダ＋米国）の17万台を上回り、普及が進んでいることがわかる。その一方で、欧州では、パリでのe-scooterシェアリングサービスの禁止措置に加え、

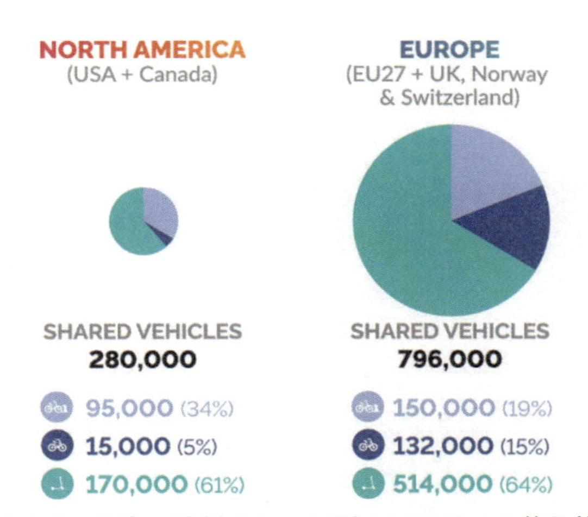


図4.1.1　北米・欧州のシェア型モビリティの普及状況

Fluctuo：European Shared Mobility Annual Review 2023, 2024.

主に駐車に関わる安全上の課題があることから、規制の検討も進められている。

②交通分野におけるシェアリングサービスの台頭

米国には、トランスポーテーションネットワークカンパニー（Transportation Network Company：TNC）という新たな交通サービスの形態がある。そのサービスの原形は、ヒッチハイクによる都市内輸送サービスである。一般ドライバーによるヒッチハイク型の市内移動を最初に提供した企業が、2012年2月にサンフランシスコで試験的にサービスの提供を開始した。その形態としては、スマートフォンユーザーが特定の目的地に向かうドライバーを「ヒッチハイク」できる「交通ソーシャルネットワーク」の構築を目指したものである。このサービスは、当初、ボランタリーな相乗りサービスとして発展を期待したものであったが、結果的に既存のタクシーサービスと同様なサービス形態になってしまった。

このような状況の中で、カリフォルニアにおいて、タクシー向けの規制とは別にTNC向けの規制の緩いカテゴリーが2013年に創設された。タクシー企業とは異なり、TNCはドライバーの経歴や車両のチェックを独自に行うことができ、ドライバー個人の自動車保険に主に使用する。迅速で信頼性の高いサービス、低運賃、快適さ、支払いやすさにより、TNCは多くの利用者に、都市内移動におけるサービスの向上、路上駐車のコスト回避、飲酒運転の回避を、空港では、駐車場やレンタカーにかかる費用や、面倒な手続きに対する代替の選択肢を提供した。すなわち、TNCは、スマートフォン技術と規制緩和によって生まれた効率性を利用して、乗客とドライバーをオンデマンドでマッチングし、他の交通手段と比較して待ち時間を最小限に抑えてサービスを提供している。また、地域毎に小さくなりがちなタクシー会社と比べて、TNCはベンチャーキャピタルを活用しており、乗客に運賃割引を提供したり、ドライバーに金銭的なインセンティブを与えたりすることができる。

その一方で、TNCに対する課題も指摘されている。車椅子対応車両が不足している状況に対しては、ペンシルバニア州とニューヨーク市では、TNCに車いすで利用できるサービスを提供するよう求める要件を採用した。また、サービスの拡大によって、既存の公共交通サービスとの関係や交通需要の断片化への懸念も指摘されている。

### (3) 新しいタイプの車両を支える道路の課題

オランダでは、車道と歩道の間に自転車通行帯が整備されている。この自転車通行帯では、障がい者用の小型車両だけでなく最高速度25km/hの原付自転車の通行も許可されていることが多い。このような自転車通行帯の整備された国や都市では、新たな電動キックボードのような車両が自転車通行帯をも通行できるようになっている。同じ通行帯の中で最高速度や走行パフォーマンスの異なる車両の共存性に関する課題もあるが、最も大きな課題は、車道、自転車通行帯、歩道のような3ウェイの道路設計の高度化の概念が共有化されておらず、対応した道路整備は限られているのが現状である。一方、新たなタイプの車両通行や停車・駐車のためのスペースを既存の道路空間内に新たに確保するため、道路空間再配分やカーブサイドマネジメントに取り組む都市もある。荷捌きや沿道へのアクセス、充電インフラ、気候変動対策や景観など、多様な道路ニーズをどのように具体化するかが問われている。

写真4.1.3　3ウェイの交差点（ハーグ）

写真4.1.4　3ウェイの街路（コペンハーゲン）

図4.1.2　カーブサイドの利用内容（出典：ITE）

参考文献

1) Paul DeMaio: Bike-sharing: History, Impacts, Models of Provision, and Future, Journal of Public Transportation, Vol. 12, Issue 4, Page 41-56, 2009.
2) Fluctuo：European Shared Mobility Annual Review 2023, 2024.
3) National Academies of Sciences, Engineering, and Medicine: Transportation Network Companies (TNCs): Impacts to Airport Revenues and Operations—Reference Guide, The National Academies Press, 2020.
4) FHWA: Curbside Inventory Report, FHWA-HEP-21-028, 2021.

## 4.2> オンデマンド型サービスの新しい展開

オンデマンド型サービスの公共交通としては、昨今ではオンデマンド交通（英語ではDemand Responsive Transport：以下「DRT」と記載）と呼ばれる、複数の利用者の希望する時間帯や目的地に応じて、路線やダイヤを柔軟に設定する乗合型の輸送システムがある。

システム上の特徴には、複数の利用者の予約に応じて、それぞれにDoor-to-Doorないしはそれに準じたサービス提供が期待できることがある。しかしながら、複数の利用者の予約に応じるため、全ての希望する予約に応じることができないことがある。また、乗車または降車の時間が利用者の希望に沿わない場合は、予約自体が成立せず、希望者が利用できない可能性もある。したがって、運行エリアの遠い地域での住民が予約できないことや、新たに利用を希望の住民の予約を受け付けられないという課題も起こっているのも実態である。したがって、デマンド交通の運行上の特徴である予約による運行のメリット及びデメリットを精査して、移動制約者等の対象とする利用者のモビリティを支える適切な導入計画と実施が望まれる。

DRTの種類には、起終点、経路、時刻表（ミーティングポイント）の設定方法別に、大きく4つのタイプに分類できる（**図4.2.1**）。①の固定型は起終点、経路、時刻表ともに固定され、在来のバスと同様であるが、予約がないと運行しない運行形態を持ち、渓谷の道筋等路線が制約を受ける場合等に適用される。②は一部迂回型で、利用者の少ない区間に予約に応じて運行する経路を設定する形態である。

③は起終点や起点での出発時刻を設定し、その間を予約に応じてその都度経路や運行時刻を設定する方法であり、その基準があるため、完全に予約には応じされないが、1回の運行でどの程度予約に応じて運行するか、また利用者は概ねどの時間帯に利用すればよいか分かる利点はある。④は利用者の予約にすべて応じようと、起終点、経路、時刻表を固定しない方法である。利用希望者の予約に完全に応じられる柔軟性があるとみられるが、予約の集中等によって、必ずしも希望にそった運行ができない課題もある。

| 運行形態 | 起終点 | 経路 | 時刻表 | 概要図 |
|---|---|---|---|---|
| ①固定型（予約がないと運行しない） | D | D | D | |
| ②一部迂回型 | D | D | P | |
| ③準自由形 | D | P | P | |
| ④自由形 | U | U | U | |
| 備考 | D・・・固定　P・・・部分的に固定　U・・・非固定 | | | |
| | □起点（終点）　●停留所（ミーティングポイント）<br>○停留所（予約に応じ停車）　———路線　··········路線（予約に応じて運行） | | | |

図4.2.1　デマンド交通の種類

## (1) DRTの歴史的経緯

日本におけるDRTの歴史を見ると、1972年に大阪府豊能郡能勢町で導入された能勢町デマンドバスが国内の最初の事例である。能勢町役場を中心に、利用希望者電話による予約を受け、設定されている路線や停留所に沿って、コントロールセンターで運行経路や時刻を設定して運行をする形態を取った。その後、1975～1987年の間に東京都や神奈川県において、東急電鉄（現:東急バス）による、東急コーチが導入された。東急コーチのデマンド運行は、基本路線に迂回ルートを設定する運行形態であり、迂回ルートで乗車する場合は停留所に設置されている呼び出しボタンを押し、降車する場合は運転手に乗車時に利用を告げるようになっていた。しかしながら、システム更新や運行効率の改善といった課題により1985年から2001年までの間に定時定路線の運行に変更となった。

その後、ITSモデル地区実験構想の1つとして、2000年4月より高知県中村市（現四万十市）にて実証実験が開始され、町内に設定された路線網を電話等による予約に応じて運行する面的な運行を行い、その後本格運行となった。また、2001年9月には、交通不便者のシビルミニマム確保のための実験事業により、福島県相馬郡小高町（現南相馬市）等におけるデマンド交通の実証実験が開始された。以降、ICT活用による事例が導入増加傾向にあり、近年ではMaaS実現に向けた基盤整備の一環として、AI活用による効率的な配車等を行うようになってきており、2020年3月末では566市町村で導入されている状況にあり、人口の少ない地域を中心に導入が進んできている。

海外の状況をみると、北米では1960年代居住地や勤務地の郊外移転に伴う、公共交通需要の少ない郊外地域での公共交通サービスの整備と、都市内に残る高齢者・障害者及び低所得層へ公共交通を提供する必要からDRTの導入がされ、1960年代末には約100地域でDRTが導入されたものの、低生産性により高齢者及び障害者への公共交通手段としてのParatransit（ADA Paratransit）として残った。

欧州のうち、初期の導入事例がある英国をみると、1972年にオックスフォードにてDRTが導入されて以来、既存の公共交通サービスの少ない地域や、高齢者や障害者等へのモビリティとして導入されたものの、生産性が低く、ロンドン、マンチェスター、レディング等で高齢者及び障害者のみに限定したサービスとなった。

その後、1990年代になると、欧州委員会（European Commission：EC）によりDRTの導入及び適用可能性の実証実験プロジェクトとして、1996年～1999年の間に“Systems for Advanced Management of Public Organization（SAMPO）”、その後継のSAMPLUS が実施されて、ICT技術による適用方法の整理と評価を行った。また、2000年から2005年の間に、デマンド交通の商業開発や社会実装を目指すプロジェクトとして“Flexible Agency for Mobility Services（FAMS）”及び SUNRISEが実施された。しかしながら、1990年代の初期のICTによるDRTは、利用者あたりの輸送コストが高く、利用者が少なく収入も少ないことや、広域な範囲への導入が困難と指摘し、デマンド交通のフィーダー化、高齢者等特定ニーズへの対応、デマンド交通の標準化と配車センターの一元化や、予約に応じた運行形態は可能な限りシンプルにするといったことを教訓にあげている。

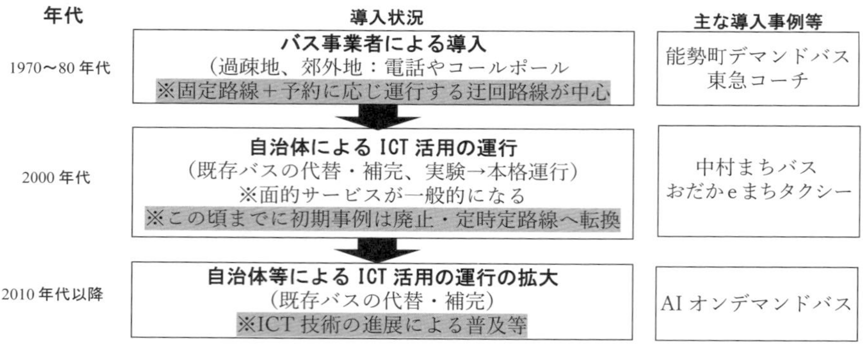

| 年代 | 導入状況 | 主な導入事例等 |
| --- | --- | --- |
| 1970〜80年代 | **バス事業者による導入**<br>（過疎地、郊外地：電話やコールポール<br>※固定路線＋予約に応じ運行する迂回路線が中心 | 能勢町デマンドバス<br>東急コーチ |
| 2000年代 | **自治体によるICT活用の運行**<br>（既存バスの代替・補完、実験→本格運行）<br>※面的サービスが一般的になる<br>※この頃までに初期事例は廃止・定時定路線へ転換 | 中村まちバス<br>おだかeまちタクシー |
| 2010年代以降 | **自治体等によるICT活用の運行の拡大**<br>（既存バスの代替・補完）<br>※ICT技術の進展による普及等 | AIオンデマンドバス |

図4.2.2　デマンド交通の歴史的な流れ

## (2) 計算機性能と通信速度向上を土台とした近年のサービス提供技術の変化

DRTの特徴には、各利用者の予約希望に応じた路線設定をその都度行い、すなわち、複数利用者の予約を受け付けて経路を決定することになる。このとき、乗車する予約のすべてを、利用の前日ないしは起点の出発前（例えば30分前）に締切って、出発前に経路を設定して出発する。従来は電話で予約し、予約は前日までもしくは当日、経路は運転者やオペレーションセンターの判断であった。ICT技術の進展によって、予約を従来のオペレータによる電話により受付でなく、自動的に受け付け、さらに経路設定をその都度変更できるようになってきており、乗車直前まで予約をできるようになってきた。

その一方で、予約に応じた経路設定は、予約数、対象範囲や道路制約といった各地域の条件にもよるが、増加すればする程に経路が長くなり、各利用者の

表4.2.1　デマンド交通の予約・経路決定の概念

| | 利用者の予約 | 予約締切 | 経路決定 |
| --- | --- | --- | --- |
| 初期のデマンド | 電話でオペレータに連絡 | 前日まで〜当日 | 運転者またはオペレータの判断 |
| 近年のICT/AIの活用 | 携帯電話<br>スマートフォン | 30分前〜リアルタイム | オペレーションセンターでのリアルタイム配車 |

乗車時間も長くなることから、予約を受けられる人数に制約が発生する。つまり、リアルタイム配車といった利用者にとっては利便性が高いと見られるものの、予約に応じて必ずしも運行できない可能性が考えられることから、AI活用によりDRTの1台当たりの輸送人員が大きく改善するということを過大に期待できない可能性がある点に留意が必要である。

また、デマンド交通の運行実態に着目するために、コミュニティバスとデマンド交通のパフォーマンス指標である導入費用、収入及び運行費用を比較すると、導入車両の違いにより、コミュニティバスの方が費用が高くなる傾向にある一方で、利用者はデマンド交通の方が対象とする地域の人口規模が小さい傾向にあることから、利用者数及び収入が低い傾向にある。したがって、収支率や1人当たり費用を見ると、デマンド交通方が収支率及び1人当たり費用が低い傾向にある。

ここで、デマンド交通の利用者数を増やせれば、収支率や1人当たり費用が改善されて、コミュニティバスより同じ収支率で全体の費用を抑制するというシナリオが成立するものの、前に示したように、利用者の予約数に制約があることから、利用者を増やそうとしても、新規利用者や遠方の利用者等一部の利

表4.2.2　コミュニティバスとデマンド交通のパフォーマンス指標[7)]

| | | | 平均値 | 中央値 |
|---|---|---|---|---|
| 導入費用 | 車両購入費（千円） | コミバス | 16,749 | 13,800 |
| | | デマンド | 6,201 | 4,470 |
| 収入 | 利用者数（年間）（人） | コミバス | 15,293 | 9,302 |
| | | デマンド | 4,048 | 1,989 |
| | 運賃収入（千円／年） | コミバス | 2,950 | 1,484 |
| | | デマンド | 942 | 487 |
| 運行費用 | 運行経費（車両の減価償却費含む）（千円／年） | コミバス | 19,074 | 13,755 |
| | | デマンド | 10,396 | 5,192 |
| | 収支率（%）※ | コミバス | 22% | 15% |
| | | デマンド | 15% | 11% |
| | 1人当たり費用 | コミバス | 2,134 | 1,175 |
| | | デマンド | 3,327 | 2,051 |

※運行経費（車両の減価償却費含む）に対する収入の割合

用を断る状況になるため、利用者増による収支改善には限界があるといえよう。

## (3) 新しい国内および海外の事例

①国内事例（岐阜県・各務原市）

岐阜県各務原市では、長大路線で利便性が低い状態であったコミュニティバスを、各地区の生活圏を意識したコンパクトな路線に再編するとともに、市東部で運行されているDRT（ふれあいタクシー）の利便性の向上のために、チョイソコかがみはらを2021年から2022年までの実証実験を通し、2023年から本格導入をした。

ふれあいタクシーでは、基準となる起終点の運行時刻及び便を設定し、その出発時刻前（10～45分前：各便で異なる）までに予約して運行する方式であったが、チョイソコかがみはらでは、予約に応じて時刻表やルートを設定する方式にし、利用の20分前までに予約と、利用者の予約の自由度が高まった。運賃は300円から400円に上昇したものの、平成30年の利用者数が約5000人/年に対して、令和5年に約6000人/年と利用者が1.2倍となった。したがって、予約が利用者の希望により応じられるようなり、利用者増加につながったといえる。

②海外事例（オーストリア・オストチロル）

2010年にオーストリアのオストチロル地域の中心部であるLienzから約10km離れたデフェレッゲン渓谷では、路線バスの運行がない早朝、昼及び夕刻の時間帯に、沿線3自治体がDRT（DefMobil）を導入した。渓谷沿いに路線及び時刻表が設定されているが、予約に応じてのみ運行し、渓谷の入口で中心地や鉄道駅までの定時定路線型のバスに接続する。また、利用者は1時間前に予約し、1回乗車当たりの運賃は1.4～7.2ユーロである。

乗客数、走行距離や燃費等にもとづき評価によりサービスの有効性が実証され、2018年1月より公共交通の運営組織であるチロル運輸連合（VVT）がDefMobilの資金調達や運営を自治体から引き継ぎサービス提供を行っている。利用者数は月当たり500人で、1回の運行あたり2.17人/回である。なお、渓谷の上部のDRT路線から離れた住宅へのドア・トゥ・ドア輸送サービスは、

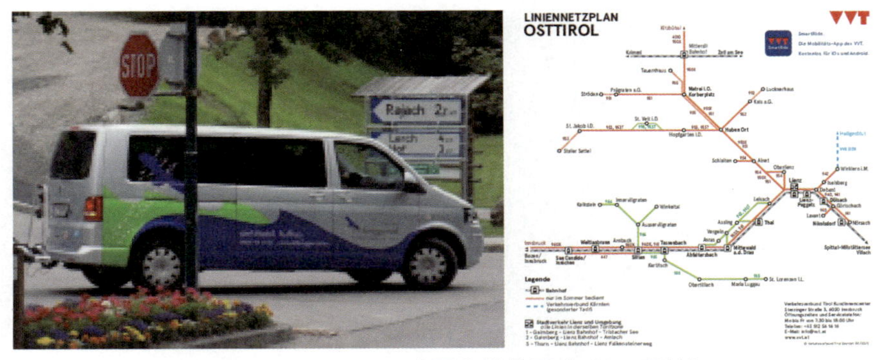


図4.2.3　DefMobil車両と路線図（953T系統）

【出典】チロル運輸連合（VVT）

ボランティア輸送であるe-defMobile2.0による運行となる。

したがって、駅・中心部から各自治体の輸送は路線バス、自治体内の輸送はDRT、住居等の端末の輸送はボランティア輸送という段階的な組み合わせとなっている。

## (4) 今後の変化、進化への期待

日本では、デマンド交通の導入や普及が進み、ドア・トゥ・ドアもしくは停留所間（ミーティングポイント）を利用者の予約に沿った形での輸送を行う、単独の交通手段として進化してきた。

一方、欧州委員会の近年の動向をみると、過疎地のモビリティ政策や施策を活用しつつ、公共交通と相互接続された持続可能なモビリティのサポート方法の模索に焦点を当てたプロジェクトである、”SMART Rural Mobility Areas：SMARTA)” が2018年より開始されている。SMARTAでは、バスといった既存交通手段、デマンド交通やシェアモビリティ（カーシェア、バイクシェア、ライドシェア）を含む、交通手段の相互接続を念頭にして、地方部のモビリティ確保を考えている状況にあり、上記のオーストリア・オストチロルの事例のように、時間帯空白に対する定時定路線で予約に応じるようなシンプルな形である。

都市部における状況をみると、欧州委員会では、都市内及び近郊において人々及びビジネスのより良い生活・事業のために必要となるモビリティを充実させるために設計された戦略的な計画である"Sustainable Urban Mobility Plans：SUMP）がある。道路混雑、大気汚染や騒音、気象変動、交通事故、路上駐車等の問題解決、新たなモビリティ（移動）サービスによる生活向上に資するべく、都市機能を踏まえ設定される都市の後背地を含めた対象都市地域でのアクセシビリティ改善や、質の高い持続可能な交通提供を目指しており、ガイドラインが2013年に策定され、2019年に改定された。

つまり、地域における交通計画を立案する場合には、デマンド交通等のモード別の計画でなく、また交通のみにとどまらず、気象変動やまちづくりへの対応といった包括的な計画を策定して実行することが必要となる。

また、その中で交通事業者によるサービス確保においては、現在では、既存事業者が不足する部分をデマンド交通やコミュニティバス等で補完する形でなしくずし的に進んできた。英国での、1985年の規制強化官民連携連携の強化方策である、自治体と事業者の協定による幹線強化（Enhanced Partnership：EP）や、エリアでの自治体による路線計画への一括契約（Franchising）といった方法による、自治体の計画に基づいた協定や契約といったルールに基づく、地域への適切なモビリティ提供が求められる。

### 参考文献

1） 天野光三編：都市交通のはなし1，28 ディマンドバス，技報堂出版，1984.
2） 東急バス：東急バス10周年記念誌，東急コーチ，2002.
3） Peter White：Public transport：its planning, management and operation 3rd ed, UCL Press, 1995.
4） Campaign for better transport：The Future of Rural Bus Services in the UK, pp.16-17，2018. https://bettertransport.org.uk/sites/default/files/research-files/The-Future-of-Rural-Bus-Services.pdf（2022年9月23日閲覧）
5） SMARTA Project：SMARTA External Resources, https://ruralsharedmobility.eu/resources/（2024年6月10日閲覧）
6） SMARTA consortium：Rural Mobility Matters：Insights from SMARTA. pp.16-26，39，n.d., https://ruralshared mobility.eu/wp-content/uploads/2021/01/Smarta-broschur e-II-08-03.pdf（2024年6月10日閲覧）
7） 竹内龍介・吉田樹・鶴指眞志：コミュニティバスやデマンド交通の生産性指標の実態及び地方自治体での評価，第69回 土木計画学研究・講演集，69，CD-ROM，2024.

# 4.3> 住民参加：交通計画・計画技術における住民参加と情報技術等

## (1) 住民参加による公共交通計画、運営

### ①背景

我が国は、公共交通が営利的に成り立ってきた。そのため、公共交通において住民参加を行うことは、これまで少なく、公共交通における住民参加の方法、負担や管理の在り方は明らかとなっていない。本節では、公共交通の計画および運営に地域住民が参加することの意義、そのガバナンスについて述べる。

### ②住民参加に期待する効果

住民参加を行うことにより、公共交通の計画、運営によって次の点が得られると期待できる。

まず、適切なサービスに導くことができることである。適切なサービスを把握することは大変難しく、特に近年、必要性が指摘されているモビリティの提供は通勤交通でなく、日常の外出であり難易度が高い。なぜなら,日常の外出において、訪れたい買い物施設や医療施設、文化教養施設は、個人によって大きく異なる。そこで、生活者たる住民の意見をもとに細かに異なる個人の嗜好を公共交通計画に反映していくことになる。この個人の嗜好をアンケート調査で把握することは難しく、住民参加のワークショップなどで多様性を抽出することが重要となる。

ついで、不要な投資を防げるという点である。公共交通の整備にかかる費用は大きいが、日常生活をしている中では理解が形成されがたい。交通産業が労働集約型産業であることから、必要な費用の多くは人件費であり、人件費の大きさが住民の理解とかけ離れていると考えられる。また、わが国では、公共交通が営利事業者を中心に運営されてきたことから運賃収入で賄えているという正常性バイアスが働いていると考えられる。そのため、公共交通の維持に必要な金額を認識し、この金額は、その路線の運賃収入や赤字補填では維持ができ

なくなったことについて認識を広めることが重要である。そのうえで、その負担金額が、自らの負担であると認識することで、不必要なレベルでの公共交通の整備を行わず、適切な支出とできると期待される。

最後に、今後のまちの維持に必要な多くの人の参加を求められるようになる中で、「移動」という多くの人が経験する話題で検討した経験が今後の地域維持を住民参加で行っていく際の強化につながると考えられる。

③公共交通における住民参加の促進にむけて

筆者の参与型研究の経験から公共交通への住民参加を実現するための要点として下記の必要性が感じられる。

・負担を明らかにする。
　・費用やリスクを明確化する。
　・不確定部分は公助・外部で担当するようにする。
・参加者を増やす。
　・社会実験を行い、結果などを情報公開していく。
　・議論や運営だけでなく、様々な業務を作る。

これらの点から、公共交通における住民参加を実現していくためには、小さく始め、計画見直しを行いながら、適切なサービスレベルを決定するとともに、参加者を増やすために、結果や成果の周知・広報を行うことが必要となる。

加えて、住民参加の実施において、負担を意識する必要があるが、実際にその負担を参加者のみに求めるべきではないと考える。これはフリーライダーを防ぐという目的もあるが，不測の事態が起こった際に、利用者や地域のためと参加した人に負担を強いないためである。

さらに、公共交通問題を議論したことから、必ず、実際に運行につなげなければならないとなることが多い。しかし、公共交通の運行のみが地域のモビリティの回答ではなく、店舗の整備や移動店舗の展開も考えられる。地域の持続可能性という多元的な価値を重視し、複数のゴールを設定することが求められる。この点は、住民の生活は交通だけが問題ではなく、多様な問題をはらんでいる。地域内での価値観や想いが複数あることから、意見を一致させることが難しく、住民活動の不可逆性を考え、衝突や対立を顕在化させてしまうことを防ぐためである。

④複数回の社会実験を組み込んだプロセス

住民の参加により、地域交通の計画、運営を行うに際し、社会実験を実施し、PDCAサイクルを実施することで事業を望ましい形式を探ることを提案する。PDCAサイクルを複数回し、改善を加えるとともに、実施を重ねるごとに期間や関係者の範囲を拡大するなど規模を大きくしていく。社会実験の規模を大きくしていくことにより、関係者が増加し、合意の難易度が上がる。地域公共交通の維持という難易度が高い事柄の合意を行なうことは難しいものの、期間や範囲を限定することにより、合意形成が行いやすくなる。また、合意形成においても、地域公共交通の整備によって何が得られるのかを示すことは合意形成に有意に働くと考えられる。

住民参加で地域公共交通を議論する場合、机上の検討を行なうと、どのような組織で望むべきかなど様々な可能性を考え、議論が行なわれる。しかし、このような議論の場合、住民の間の主義や主張に関わる部分で直接ぶつかり合うことが多くなるため、実際に題材を設定してあり方を検討した方が良いと考えられる。そこで、短期で取り組むことができるようにし、早期に具体的な議論を行えるよう実験の規模は小さくして始めた方が望ましい。以上をまとめ、**表4.3.1**に示す複数回の社会実験により地域公共交通を検討する方法について提案する。

**表4.3.1　複数回の社会実験により地域公共交通の検討過程**

| 実験時期例 | 目的 | 負担範囲 | 実験期間例 |
|---|---|---|---|
| フェーズ1 | 事業の社会実験 | 地元負担＋行政（人的支援） | 1週間 |
| フェーズ2 | 事業の社会実験 | 地元住民負担＋行政（人的支援＋金銭支援） | 1ヶ月 |
| フェーズ3 | 支援制度の社会実験 | | 半年～1年 |

## (2) 適用事例 (兵庫県西宮市生瀬地区)

①地域の概要

兵庫県西宮市生瀬地区は、8,388人 (2022年12月推計人口) が住む高度経済成長期に人口増加した近畿圏の人口の受け皿として開発された住宅街として、1960年代に開発された住宅街である。地域内にはJR福知山線の生瀬駅が存在し、直線距離は遠くとも2kmほどの範囲に入る地域である。しかし、住宅街の多くは、武庫川沿いの斜面地に開発された住宅街であるため、100mほどの高低差がある地形となっている。同様に地域内に阪急バスのバス停があるが、これも武庫川に沿った国道176号線上にあるため、住宅街内にアクセスするためには100mほどの高低差を移動する必要がある。入居時には問題がなかった坂道も高齢化が進むことにより、交通の問題が生じた地域である。

②試験運行

地域の自治連合会が2011年に地域交通の問題を地域でどのように対応するかを検討する「生瀬にふさわしいお出かけの足を考える会」を設置して、勉強会や会合、先進地域の見学を行ったことがきっかけとなる。さらに、無償運行による実験運行を行い、その結果をもって、地域内の移動の問題の存在を確認し、2012年に自治連合会が「ぐるっと生瀬運行協議会 (準備会)」を設置し、地域全体で取り組む検討を引き続き行った。この検討では、1か月の有料試験運行を行い、必要なサービスレベルの検討を行った。この後この地域では、ぐるっと生瀬運行協議会を発足させ、本格運行に向けた運行計画の策定を行った。この時に行った試験運行の概要を**表4.3.2**に示した。

第1回の試験運行は、無料で運行され、多くの利用者を得ることができた。しかし、積み残しが発生しかねない利用者数であったため、第2回の試験運行では、地域内の駅に目的地を変更し、鉄道との乗り継ぎを行うことで運行距離を短くし、ルートを増やして、地域内を運行する総回数を増やし、実施した。しかし、2回目の試験運行は、有料であったせいか、乗り換えが必要になったせいか,利用者数が限られた。地域住民の間では、落胆と検討の終了を示唆する声が上がった。ただ、第1回の試験運行で移動の足を必要とする人が地域に

表4.3.2　試験運行の概要

| | 第1回 | 第2回 | 第3回 |
|---|---|---|---|
| 実施時期 | 2012年10月15日から19日 | 2014年3月1日から31日 | 2014年10月1日から2015年3月31日 |
| 目的地 | 宝塚駅 | 生瀬駅 | 宝塚駅 |
| ルート数 | 2ルート | 6ルート | 5ルート |
| 運行頻度 | 各ルート4往復 | 各ルート4往復 | 各ルート5往復（1ルートのみ2往復） |
| 使用車両 | 乗客9人乗りバン型車両事実上2台 | 乗客9人乗りバン型車両1台 | 乗客9人乗りバン型車両1台 |
| 運賃 | 無料 | 200円 | 300円 |
| 運行日数 | 平日のみ5日 | 平日のみ20日 | 平日のみ94日 |
| 利用者数 | 720人 | 866人 | 7,750人 |
| 運行1日あたり利用者数 | 144人/日 | 43.3人/日 | 65.1人/日 |

いることは確認されていたため、そこで、試験運行を終える前に、目的地をもとの宝塚駅とし、鉄道との乗り継ぎを行わない形での運行の可能性を検討したいと第3回の試験運行を実施することとなった。この第3回試験運行は、比較的多くの利用者が得られたことにより、本運行を実施することを地域住民組織は決断することができた。

これらの第1回から第3階までで運行方法が異なるように、試していくことにより、住民が真に必要とするサービスを選び取ることができた。また、第2回と第3回では、運賃が異なる。これは距離が伸びたためではあるが,住民自身が運行を検討している中で、乗客9人乗りのバン型車両では、すべての運行でほぼ満員乗らなければ,採算が取れないということに気づき,「やや高く感じ、利用者としての視点では厳しい」と感じるが、住民側から運行を継続するためには、300円と設定すべきであると提案して設定した結果であり、検討に参加していただくことで自ら負担を行うことを決断することができた証でもある。

③本運行

本運行の概要を表4.3.3に示した。ほぼ試験運行で検討した結果を反映した

表4.3.3　本運行の概要

| 実施時期 | 2015年10月1日より |
| --- | --- |
| 目的地 | 宝塚駅 |
| ルート数 | 4ルート（1地区を対応するため、一部別ルートあり） |
| 運行頻度 | 各ルート5往復（一部1往復）<br>2018年10月より各ルート6往復（一部1往復） |
| 運行日 | 平日のみ（土日祝運休） |
| 使用車両 | 乗客14人乗りバン型車両 |
| 運賃 | 大人300円<br>小人200円 |
| 発行券種 | 現金・回数券（11枚綴り） |

ものである。

本運行に際し特に力を入れたことが、情報発信であった。具体的には、地域内の全戸に配布する2カ月に1回発行（その後季刊となる）の会報を発行している。会報の発行においては、カラー印刷、イラストなどを多用しできる限り多くの人が手に取りやすいようにと工夫がなされた。これらの会報の発行には、地域住民の中でイラストを描くなど、デザインの得意な人が中心に取り組み、自分たち自身で企画、印刷会社への入稿が行われている。この通信において、特徴的な点は、地域の企業から協賛金と広告を募り、広告料をもとに印刷費が賄われている点やバスの話題だけではなく、地域の歴史や季節の変化を取り上げる記事が掲載されている点である。後者は、多くの人に手に取ってもらうためという意図もあるが、ぐるっと生瀬の運行が地域の持続可能性の向上を目的としており、地域を見直してもらいたいという意図が込められている。

さらに、広報においては別の取り組みもなされている。会報といった間隔があく情報の発信だけではなく、毎日の利用者を地域住民と共有するため、車内やウェブページに前日の利用者数や累計利用者数を示している。ウェブページの掲載には地域住民の工夫がみられ、ぐるっと生瀬運行協議会が作成したウェブページの一部に前日と累計の利用者数を示すページを作成し、ぐるっと生瀬の運転手にウェブページの編集方法を伝え、毎日のリアルタイムの情報が更新されている。運転手の方は、もともとウェブページの作成の経験はなかったものの、地域住民のレクチャーを受けて、ウェブページへの反映能力を獲得された。この運転手のウェブページの更新は、住民側から依頼したものではなく、運転手側から自発的に協力依頼されたものである。このように毎日の利用者数を示したことは、利用者だけではなく、地域住民に利用の実態を示して、関心を持ってもらうための取り組みでもあった。

④事例の評価

**図4.3.1**にぐるっと生瀬の本運行の1日あたり利用者数の月別平均推移を示した。コロナ禍では、利用者は減らしたものの、運行開始後には継続的に利用者数を増やしている。収支率も約80-90％となり、当初予定した費用分担の枠組みの中で収まっている。ぐるっと生瀬で行われた住民参加の形式が正しかったのかわからない。しかし、2015年10月1日の運行より、原稿作成時で9年以上継続しており、ある一定の評価ができるのではないかと考える。加えて、2015年の本運行開始から、利用者が増加し続け、利用増加の取り組みが功を奏したと考えられる。また、2019年より要望の高かった夕方の運行を増便した。さらに、2020年からのコロナ禍では、ぐるっと生瀬も利用者は半数程度に減少し、経営が難しくなったものの、運行の仕組みを変更することもなく、運行

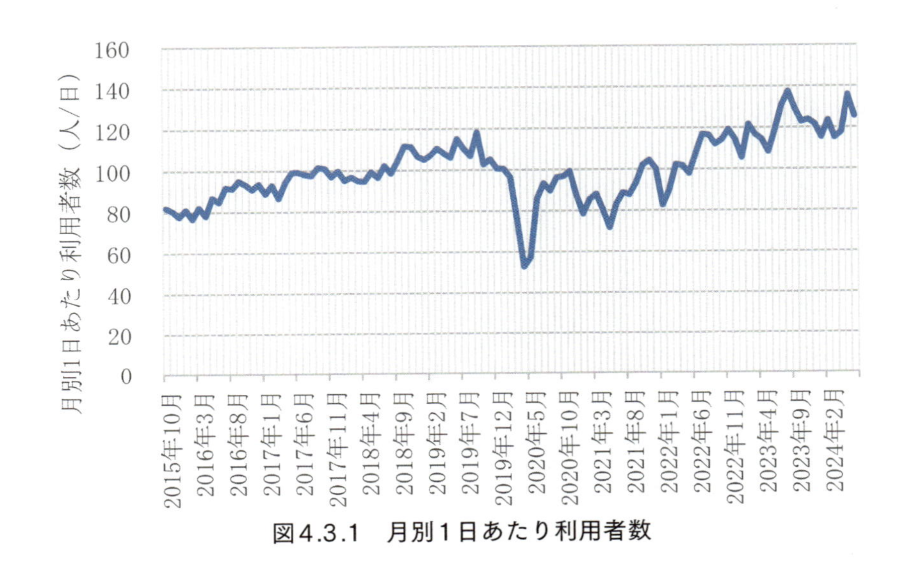


図4.3.1　月別1日あたり利用者数

を継続した。これらの面から、地域交通を住民が主体的に計画、運営することが持続的に行えたのではないかと評価している。

### (3) まとめ

本稿では、適切なサービスの提供を意図して住民参加による地域交通の計画及び運営の在り方について考察してきた。複数回の社会実験を実施しながら、その規模を大きくする方法を検証した。また、住民の参加を促進するため、リスクを明確にして、不確定なリスクや住民が負うには大きそうなリスクを公助である行政の支援により低減する。さらに、広報などに力を入れ参加者の増加をはかるとともに、多様な参加者を包摂できるように公共交通だけで閉じずに地域の生活全般の持続という大きな課題解決を提示しそこを目指して活動を行うべきであると考えた。

これらの取り組みが正しいかはわからないが、西宮生瀬で行った取り組みにおいては、多くの利用者が生じる交通を提供することができ、持続的な運営を実現することができた。

## 4.4> 情報技術とモビリティ・サービス

### (1) 情報技術を活用した新たなモビリティ・サービス

CASEやMaaS等に代表される新たなモビリティ・サービスは、GNSSやLiDAR（レーザー光を用いて前車との距離や形状を計測する技術）等のセンサー技術の他、他のモビリティ・サービスや国土交通省データプラットフォームなどの道路インフラに関する様々な情報と連携することで実現している。例えば異なるモビリティの運行ダイヤと実際の位置に関する情報を連携して乗継案内を提供する場合には、各モビリティを管理するシステム間の連携が必要であり、情報共有に関するルールやエコシステムの元で実現している。国土交通省総合政策局の「MaaS関連データの連携に関するガイドライン」では、チケッティングや動的データに関する連携高度化を後押しするデータ連携基盤整備の重要性を踏まえて令和5年3月31日にVer.3.0へと改訂した。情報技術を活用した新たなモビリティ・サービスの登場や、それに伴うデータ連携のあり方において柔軟かつ迅速な対応が求められる。

## (2) モビリティ・サービスにおけるデータ連携の課題

### ①データのオープン化（共有）の遅れ

フィンランドのMaaS誕生の背景にはいくつかのポイントがあった[1)]。その1つに欧州における法制度下では公共交通データのオープン化が義務化されており、データ間の連携（共有）が日本に比べてスムーズであったという点がある。日本国内でも盛んにMaaS関連の実証実験が行われ、導入効果を検証するための社会実証や異なるモード間の連携を実現するシステムの機能を検証する技術実証が行われている。実証実験に留まらずMaaS専用アプリの開発により本格的な運用を実現している事例もあるが、関連企業間のデータ連携に留まることで、MaaSとしてのモビリティ・サービスが限定されてしまうケースもあるようだ。実証実験や本格導入に関わらず国内のMaaSの事例でこのような状況に留まる背景には、個々の移動サービスのシステムは確立していても、これらシステムで取り扱うデータのオープン化（ないしは共有）ができていないことが挙げられる。

### ②データ連携・共有のためのルール

MaaSを社会実装しようとした場合、複数の事業者やステークホルダーが存在することからデータの保有や活用方針も多様であり、何らかのサービスを展開する場合にはこれらデータの共有化のための統一したフォーマットでデータを管理したり、データの内容によっては共有する対象を限定するなどのルール作りや合意形成が必要となる。統一フォーマットの例として、バス事業者と経路探索などの情報利用者との情報の受け渡しのための共通フォーマットであるGTFS-JP（標準的なバス情報フォーマット）が既に整備されている[2)]。2024年3月時点で646の事業者が静的データとして955件登録している[3)]。一方、公共交通利用者に対する乗継割引やポイント付与といった独自のサービスを行うにはトリップに関する情報（実際に利用した路線や乗降位置、乗降時間の情報等）

が必要となるが、これらデータは交通事業者の所有するデータで把握することが可能である。しかし、実際のデータ連携・共有の実施に際しては、個人情報の保護や関連する企業の知財等も考慮するとデータのオープン化による共有が難しいケースもある。日本国内では同種のデータであっても事業者によってオープン化への対応が異なることがあり、データ提供の条件や共有するルールを定めるといった対応が必要となる。

③データ基盤整備の費用やマネタイズ

筆者の関与したMaaSの実証実験において、ラストマイルとしてシェアサイクルを導入し公共交通の選択肢を増やすという移動サービスの向上を狙ったことがある。しかし、シェアサイクルと既存の交通システムの予約や精算方法などが異なることに起因して乗降位置に関するデータ連携をするためにはいずれかのシステム改修が必要となった。技術的には可能であったが、費用を投じてデータ連携を可能とするシステム改良を加えてとしてもマネタイズの条件をクリアすることができず、システム連携を断念せざるを得ないケースもあった。

## (3) モビリティ・サービスにおけるデータ連携のあり方

①公共インフラとしてのデータ連携基盤

様々なモビリティ・サービスを連携してMaaSとして一体的なサービスを提供するためにはデータの連携（共有）を実現するためのデータ連携基盤の整備が必要となる。データ連携のためのオープン化、ルール、マネタイズなどの課題を踏まえると、ガイドラインの方針に基づいたアプローチと共に、国内全域での展開を見据えればデータ連携基盤は公共インフラの一つであると位置付けた上で、その整備費や維持費を公共で負担する必要があると考える。ただし、行政もデータを同等に取り扱うことを前提として、モビリティ関連のデータを災害時の交通対策や他分野にも利活用する機会を増やしていくことも忘れてはならない。

②進化の著しい情報技術を活用したデータ連携

我々がインターネットを使い始めた1990年代はホームページへのアクセスが中心でWEB1.0と呼ばれるものである。現在はSNSにより双方向の交流が可能なWEB2.0へと変化したが、依然として個人情報保護の課題が残る。WEB2.0で顕在化した諸問題や環境変化に対応するために提唱されたのがWEB3.0であり、その技術基盤の一つとなるのがブロックチェーンである。ブロックチェーンは「分散型台帳システム」、「耐改ざん性」、「スマートコントラクト」などの特徴を有しており、データを一貫して分散型で堅牢に構築・維持できるといわれている。また、ブロックチェーン上でプログラム実装が可能なため、契約譲渡等の自動処理が可能という特徴に着目した多くの適用実験が試みられている。例えば、MaaSで取り扱うモビリティサービスの向上のためにブロックチェーンの特徴を活かして様々なモビリティを管理しているシステムで取り扱うデータを分析することが可能になる。モビリティに留まらず医療やビジネス等の他分野と連動すればMaaSによる地域課題の解決が実現する。

ここで電子立国エストニアのデータ連携基盤X-ROADにおける連携方法を参考事例として紹介する[4)]。なお、X-ROADは2007年のサイバー攻撃をきっかけにGuardtime社 がKSI Blockchainという認証のためのソリューションを開発したものであり、基盤システムがブロックチェーンで構成されているというものではない。筆者が2019年5月にエストニア国において関係者へのヒアリングを通じて得た情報によれば、データを交換する場合には、民間企業のDB間であってもビジネスの内容（利用内容）に基づいて経済通信省が許可を与えてDB間の契約がなされる。ビジネス内容が変わった場合には契約の見直しがなされるが、その内容がオープンになることはない。なお、DB の登録に際して経済通信省がGDPRに基づいているかを確認し許可を与える。このような仕組みが構築できれば競合している企業に自社のデータがオープンにならずに目的に応じた適正なデータ連携を図ることが可能となる。

データ連携における問題点や課題、事例を紹介したが、本節でお伝えしたいのは、交通計画にかかわる技術者自身が進化の著しい情報技術を理解した上で、その技術を交通計画や運用に活かしていくということである。これからの交通計画には、MaaSのような新たな仕組みや新技術を活用したモビリティ・サービスのリ・デザインを実現し、交通分野と他分野の融合で様々な社会課題を解決するための新たなソリューションとして展開していくことが求められるのではないだろうか。

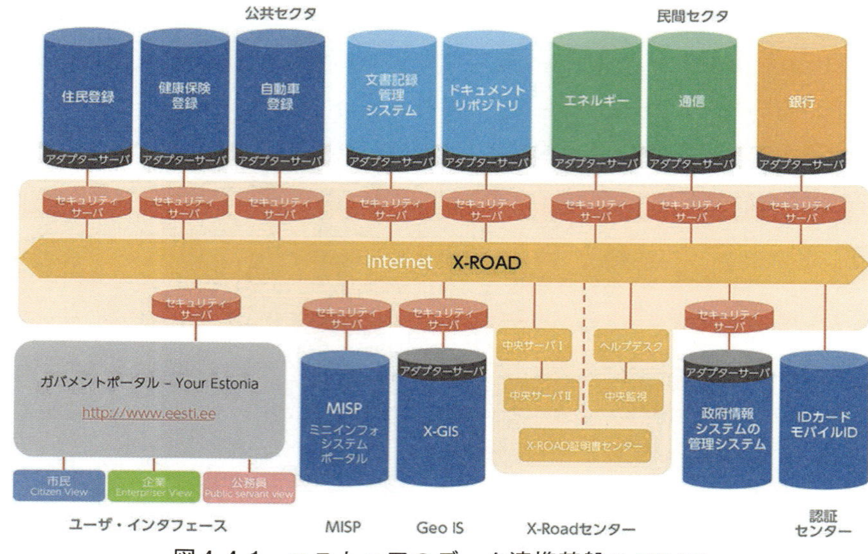


図4.4.1　エストニアのデータ連携基盤X-ROAD

【出典】平成27年版情報通信白書（総務省）

参考文献

1）　中央大学研究開発機構：フィンランドにおけるMaaS実践内容に関する調査報告書，2018

2）　国土交通省総合政策局モビリティサービス課：GTFS及びGTFS-JPの概要について，2020

3）　GTFS-JP（https://www.gtfs.jp）

4）　中央大学研究開発機構，八千代エンジニヤリング㈱技術創発研究所，調査協力／エストニア共和国大使館：エストニアにおける電子政府実践内容およびMaaSへの応用に関する調査報告書，2019

# 4.5> ITS領域の展望

## (1) ITSのステージ展開

ITSは、最先端のICT（情報通信技術）を駆使して人と道路と車両をネットワークでつなぎ、様々な交通問題を解決し、交通の効率化･高度化を図る技術･製品・サービスの総称である。国内では、世界最先端のIT国家構築を目標に、21世紀初頭より国家戦略の位置づけで、交通事故や交通渋滞の少ない安全で快適な交通社会を実現すべく、ITSの本格的導入に向けたさまざまな取り組みが官民連携した形で推進されて来た。

ファーストステージで実用化の推進された9つの開発分野（図4.5.1）には道路交通に係わるほぼすべての分野を含んだ。これを踏まえた2004年以降のセカンドステージでは、5.8GHz帯DSRC（狭域無線通信）と共通基盤（スマートウェイ）を用いた全国統一規格の次世代道路サービス（ETC2.0サービス）の全国配備と普及が促進された。2013年以降のサードステージでは、社会のデジタル化とモビリティのシームレス化に対応して2030年の交通社会を支える次世代ITSへのサービス展開が図られている。

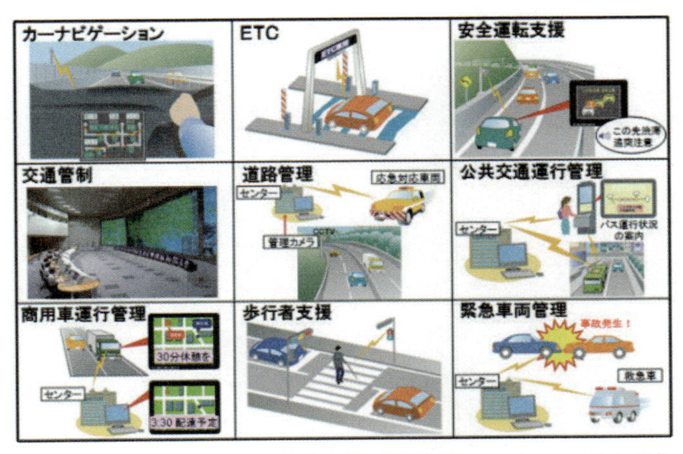


図4.5.1　ITSの９つの開発分野（国総研ホームページより）

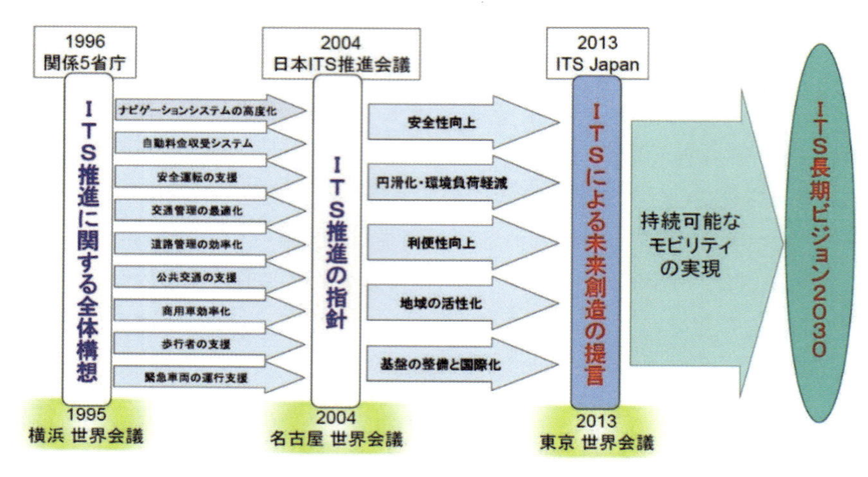


図4.5.2　ITSのステージ展開（ITSJapanホームページより）

## (2) ITSの社会実装（ETC2.0サービスと地域ITS）

2015年に本格運用の開始されたETC2.0サービスは、2023年末車載器セットアップ数が累計900万台・利用率も3割を超え、サービス普及時代に入った。ETC2.0では、挙動プローブ（急加減速記録）情報と履歴プローブ（簡略化軌跡）情報の二種類の道路プローブ情報が取得できる。前者は、ヒヤリハット箇所の把握を通じた交通安全対策に、後者は、道路管理者の渋滞ボトルネック把握に、常用されるようになった（図4.5.3）。他にも、迂回割引による交通集中対策（TDM）や災害時の通行可否情報（通れるマップ）の元データとしても活用されている。

一方、土木学会実践的ITS研究小委員会の活動などを通じて、「地域ITS」と呼ばれる低廉なITSの開発と普及に関する産学連携の取り組みも各地で展開された。高知工科大グループでは、地域密着をコンセプトとする「草の根ITS」システムを大学と地元企業で共同開発する形で各種展開し、2024年現在もその多くがサービス継続されている（図4.5.4）。

## 特定プローブデータの概要

特定プローブデータには「通行経路情報」や「急ブレーキ情報」等の情報が記録され、高速道路や直轄国道に設置された路側機を通じて収集されます。

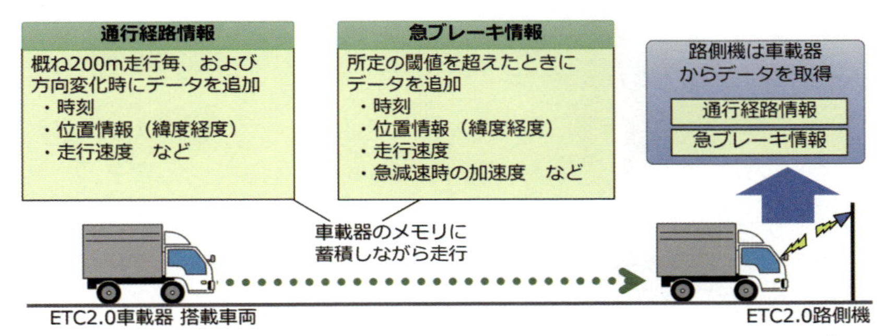


図4.5.3　ETC特定プローブデータの活用（HIDOホームページより）

図4.5.4　ゆずりあいロード支援システム（高知工科大ホームページより）

## (3) 次世代ITSと交通計画

東京オリンピック2020対応を契機に公共交通のオープンデータ化が推進され、さらにMaaS推進に向けて「MaaS関連データの連携に関するガイドライン」（国土交通省総合政策局）が発行された。地方過疎部に至るまで、モビリティ分野でのデジタル社会対応が推進される流れが付けられた結果、既に普及している交通系ICカードと共に、今後は交通ビッグデータを駆使したスマート・プランニングと呼ばれるきめ細かな施設計画手法の普及にも期待が寄せられる。一方、ITSの主要メニューである自動車の安全機能向上を目指すASV（先進安全自動車）と道路交通の安全・円滑化を目指すAHS（走行支援道路システム）の取り組みを踏まえて、自動運転に係わる内閣府SIPが現在三期目「スマートモビリティプラットフォームの構築」を開始している。同時期に、ITS・自動運転に係る政府全体の戦略であった「官民ITS構想・ロードマップ」（内閣官房）が、2023年には「モビリティ・ロードマップ」（デジタル庁）へと発展的に継承された。このように、今後のITSは自動運転やMaaSといったモビリティサービスを下支えする形でデジタル社会の構成要素に組み込まれる流れにある。そのためには、標準化の更なる推進を通じたモビリティデータのシームレスな流通が課題である。

また、ITSには、利用通信技術の世代交代という技術的課題が常に付いて回る。たとえば、第一世代のVICSとETC（2.4GHz帯DSRC）は2022年3月にサービス終了したし、V2X通信（車とモノとの通信）に5.9GHz帯を充てる世界的な潮流との協調も求められている。すなわち、ETC2.0を後継しうるITSサービスの設計検討においても、総務省における電波行政の方向性に関する議論などとの整合性確保が常に求められる。現在、国交省道路局においても、交通課題の解決から社会経済活動への貢献へと目標を拡げて、2030年代の運用開始を目指した「次世代ITS」に関する検討会が2023年より開かれている。今後は、2050年の実現を目標とする基盤ネットワークシステム（WISENET）を支える次世代ITSの研究開発を通じて、交通計画業務のDX化も推進されるものと期待される。

# 4.6 応用提案例：自動運転技術と道路課金によるビジョンゼロ実現

## (1) はじめに

MaaSやCASE、新モビリティなどの近年のモビリティ改革や、公共交通の「リ・デザイン」などパラダイム転換が進むなか、「クルマ中心から人中心へ」と呼ばれる道路環境のあり方についてビジョン策定[1)]や先進的な取り組みが進展している。これらの動向や将来像を踏まえ、30年後の道路交通はどうなっている／どうあるべきだろうか？そして、どうすれば実現できるのだろうか？これらの課題について、今後の活発な議論を期待して、妄想レベルではあるが試案を提示したい。

## (2) 道路交通の将来像と実現に向けての課題

30年後の道路交通の姿を正確に予測することは困難だが、現時点で課題とされているものは解決されていると想定してもいい、もしくは想定すべきだろう。それはどのような姿だろうか？「自動車の社会的費用」のうち代表的な課題である交通渋滞、交通事故、地球温暖化について、望ましい将来像やその実現に向けての課題を整理する。

**交通渋滞**：ほぼ解決されていると想定。交通容量の増大による渋滞削減は更なる自動車依存を招き持続可能でないため、公共交通やアクティブ交通（徒歩や自転車）を支援し適切な分担を実現することに加え、道路予約や道路課金の仕組みが導入され、需要管理型の渋滞対策が一般化しているだろう。ただし、技術的には可能であっても制度構築やその前提となる社会的合意が大きな課題になると想定される。

**交通事故**：ビジョンゼロ（交通事故死者ゼロ）の実現が最重要の政策課題となり、特に歩行者・自転車の事故死者数は、あらゆる手段を講じて限りなくゼロ近くまで削減されていると想定。ただし、総論賛成各論反対の中でどこまで徹底的に削減できるかは未知数。

**地球温暖化**：カーボンニュートラル実現に向けて電動化や再エネ導入に加え、需要抑制や低炭素モードへの転換など様々な対策が総動員されるが、なかでもカーボンプライシングが決定打の課題となるだろう。

以上の課題解決に向け、技術開発や制度改革が急速に進むことが期待されるが、なかでも自動運転と道路課金に着目して動向を把握する。

**自動運転技術**：完全自動運転は超長期課題だが、限定領域での自動化や運転支援技術の普及は進展すると想定。

**道路課金**：電動化が進むことに伴う道路財源確保のため道路課金の導入は不可避。走行距離課金には国民からの反対の声も大きいが、地域による実情に配慮し、環境や渋滞など外部不経済を抑制する効果も含めて丁寧な論議を行えば、国民も納得せざるを得ないと思われる。それを前提として、以下、(3) では包括的な道路課金による外部不経済内部化を、(4) ではそのうち車載センサーを活用して安全運転を動機づける道路課金について検討する。

## (3) 試案1：包括的道路課金～道路利用・自動車交通の外部不経済内部化

道路課金を導入するなら、単に距離に比例した課金ではなく、自動車利用時のあらゆる社会的費用[2)]を定量的に評価して課金し、利用を最適化することを目指したい。課金の対象としては、道路損傷（軸重・加減速）、環境負荷（排気・騒音）、交通混雑（速度・渋滞）、施設利用（構造物・駐車場）、危険・迷惑運転（違反、ヒヤリハット）などがありうる。ドラレコやLiDAR・RADARなどの車載センサーが普及し、車両の周りの人やモノを三次元で把握できるようになれば、あらゆる社会的費用を対象とした道路課金の制度設計が可能となろう。例えば、以下の手順で段階的に導入を図ることが考えられる。

**手順１**：全ての自動車に常時接続（コネクテッド）化を義務付け・標準装備
**手順２**：自動車購入時に車両本体と同額のデポジット口座開設を条件
**手順３**：ドラレコ＋各種センサーによる自動車の挙動や周辺状況の常時監視
**手順４**：課金されるたびに警告、デポジットが半額以下になったら運転停止

以上は技術的には実現可能と思われるが、合意形成、制度構築、普及促進などで課題山積であり、更なる議論の深化が望まれる。

## (4) 試案2：ビジョンゼロ実現に向けた「自動運転より安全運転」

ビジョンゼロ実現に向けて自動運転に期待がかかるが、前述の通りレベル5（完全自動運転）の実現は遠い将来とみられ、30年後でも実現していない可能性が高い。レベル4は技術としては実用化され、導入可能な限定区間は広がりつつも、ネットワーク化されどこへでも行ける環境が構築できるまでは至らず、30年後も「限定区間」での運用またはグリスロや歩道走行型ロボットなど低速での運用に限られるだろう。すなわち手動運転車が占める割合はかなり緩慢にしか減らないとみられ、手動運転が混在する状態を前提とした安全対策が極めて重要となる。手動運転車にも自動ブレーキなど安全運転支援技術が普及することは期待できるが、運転者は安全になった分だけ安心したり油断して注意力が低下し、危険性の高い運転をしてしまうこと（リスク・ホメオスタシス理論）により、結果的に事故リスクが減少しない恐れがあるため、安全運転への動機

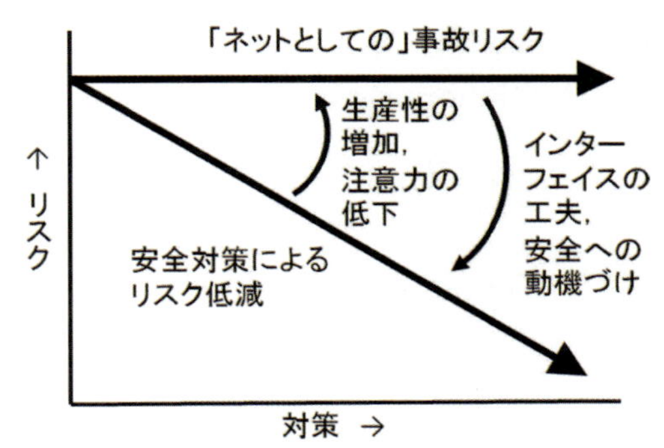


図4.6.1　リスク・ホメオスタシス理論の概念[3)]

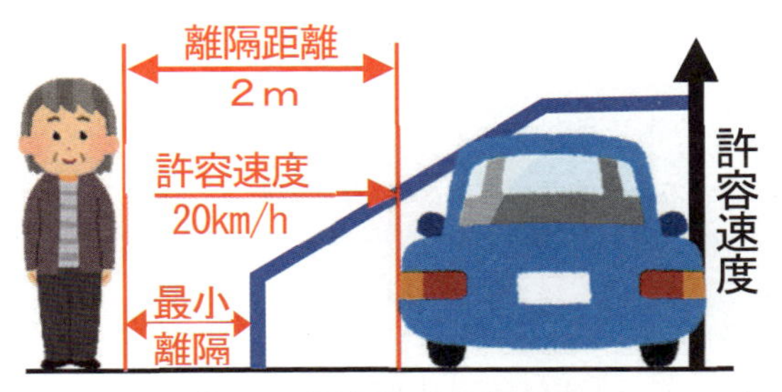


図4.6.2　離隔距離連動型速度規制のイメージ

づけが不可欠である。そこで自動運転技術と道路課金を組合せた安全運転の動機づけの仕組みを検討する。

**第１段階**：道路課金の対象を拡張して、速度超過や信号無視等の交通違反を自動的に検知し、罰金を徴収する。違反の検知は各種車載センサーやAI画像解析等を活用すれば、より高い捕捉率での取り締まりが可能となる。

**第２段階**：車載センサーの普及や高度化を踏まえて事故の発生を極力低減させるため「離隔距離連動型速度規制による多重防護型安全運転システム」の導入を提案したい。歩行者との離隔距離に連動して速度規制を行うもので、1ｍあたり10km/hと設定した場合、2ｍ離れているときは20km/hまでしか許容せず、超過したら直ちに罰金となる。

## (5) 普及のための仕掛け

以上の仕組みの導入を法律で義務化できれば確実であるが、反対も大きいだろう。そこで、以下を活用して普及を促進させる。

**テレマティクス保険**[1)]：道路ビジョンで「安全運転するドライバーの保険料を低減する仕組み」として言及された保険と連動した安全運転の動機付け。

**ゲーミフィケーション**[4)]：ゲームの楽しさを活用して行動変容を促す手法であり、運転状況をセンサーで計測・採点することで高得点を狙えば安全運転に。

## (6) おわりに

以上は、妄想レベルのザックリとした試案にすぎないが、このような議論を深め、戦略を練り、実現につながることを期待したい。

参考文献

1） 社会資本整備審議会道路分科会基本政策部会：道路ビジョン「2040年、道路の景色が変わる」, 2020
2） 宇沢弘文：自動車の社会的費用, 岩波書店, 1974
3） 芳賀繁：安全技術では事故を減らせない－リスク補償行動とホメオスタシス理論－, 電子情報通信学会技術研究報告 = IEICE technical report：信学技報 109 (151), pp. 9-11, 2009
4） 野崎敬太, 平岡敏洋, 高田翔太, 川上浩司：安全運転に対する動機づけを高める運転支援システム, 人工知能学会全国大会論文集, 27th, 2013

# 5章

# 障害者の情報とコミュニケーションの新技術

今までのバリアフリーが一般の人に対して、障害者が不利益を被っている状況があり、この不利益を無くしてゆくことが目標である。近年、情報（ICT）の利用おいて一般の人と障害者の差が広がらないようにするためには如何したらよいかを考えるために、本章では情報の仕組みの整理と障害者のICT利用における困り事を整理し、そのうえで解決方法を明らかにするために事例等において述べることにした。

車いす使用者の主な困り事は主に段差や幅員が狭いことである。車いす使用者の鉄道利用や外出において「らくらくお出かけネット」や「新幹線の車いす座席の予約」を例にその対策を概説している。

情報障害者といわれる視覚障害者の困り事は見えないことにより、移動そのものに困ることであり、また、衝突、転倒、交通事故などの危険性が極めて大きく安全対策も欠かせないことである。視覚障害者については、「視覚障害者の困り事」、そして今まで行われている対策である「音声・音響に関連するバリアフリー整備ガイドライン」を説明した。さらに、視覚障害者の対策で重要な「視覚障害者の単独歩行に影響を与える要因」の知見、および「視覚障害者の音による誘導」の考え方について述べ、視覚障害者とICTの今後とその課題について述べた。

聾唖者あるいは聴覚障害者についての課題はコミュニケーションである。ここでは、音声に関する「情報とコミュニケーション」について述べ、「聴覚障害者のコミュニケーションを取り巻く環境」を整理し、そのうえで「聴覚障害者のコミュニケーション技術動向と課題」を示した。さらに、「聴覚障害者対応の新技術」の事例を示し、「音声を伝える新技術と今後の課題と期待」について述べた。

発達障害は、脳の発達に凸凹があるため、イマジネーション（創造性）や、コミュニケーション（行為機能、表出行動）、認知機能などに偏りや歪みが見られ、それらが、いわゆる「困った行動」につながる。それらの特性から周囲の人や環境に合わせることが難しい場面が多く、「発達障害とは適応障害である」という専門家もいる。発達障害は10年以上前にはほとんど知られていなかった。ここでは、「発達障害とのコミュニケーションの取り方」を述べたのち、「自閉症、アスペルガー症候群その他の広汎性発達障害」の困り事とそのサポートについて述べた。最後に、公共交通を利用するため新技術と支援としてクールダウン・カームダウン室、支援のための事前訓練等を紹介した。

参考文献

発達障害の基礎知識｜「ASD」「ADHD」「LD」の種類・症状・原因は？それぞれの特徴も解説 | HugKum（はぐくむ）

---

## 5.1 › 障害者の情報とコミュニケーションの考え方の整理

### (1) 今までのバリアフリー

高齢者・障害者等（以下障害者等とする）の交通とモビリティ対策は、一般の人が利用する交通サービス（X1）に対して、高齢者・障害者等が受ける交通サービス（X2）が、不利益を被る量（Y）をできるだけ少なくすることがバリアフリーの役割である。「障害者・高齢者モビリティ確保の考え方」を式で表すと以下の通りである。（図5.1.1）

Y（障害者等が不利益を被る割合）＝ X1 − X2

この対策は、2000年頃からバリアフリー法とそのガイドラインによる、旅客施設、車両、役務の提供などにより、ある程度その対策がなされてきた。初期からの対策は身体障害を中心とする段差の解消や視覚障害者誘導用ブロック、障害者用トイレなどのバリアフリーが中心であった。

2006年からは、バリアフリー法とガイドラインに、目に見えにくい障害の対象者の拡大として、知的・精神・発達障害が加わった。また、建築物、公園等も加わり都市基盤のかなりを占めることとなった。そしてオリパラを契機に障害が問題ではなく障害者の活動を阻む社会環境が問題であるとする「社会モデル」が位置付けられ、この考え方に基づき、障害者の困りごとを丁寧に聞くために障害当事者の参加により、羽田国際空港・成田国際空港や国立競技場などの設計に活かされ始めてきた。（図5.1.2）

## (2) 情報を中心とするバリアフリー

他方で、情報を中心とするバリアフリーは2000年以降緩やかな普及から始

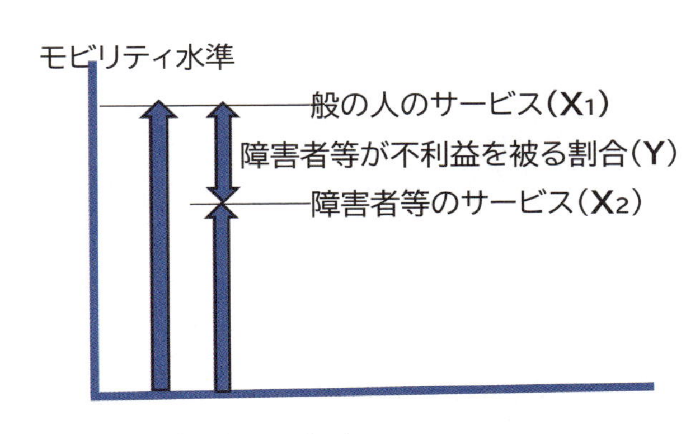


$(Y) = (X_1) - (X_2)$

図5.1.1　障害者・高齢者モビリティの考え方

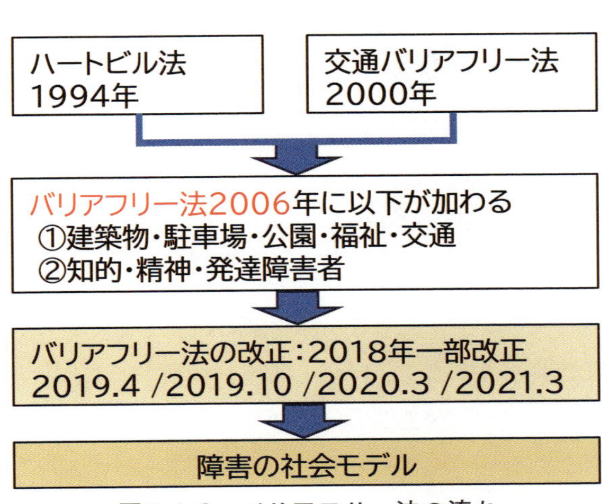


図5.1.2　バリアフリー法の流れ

まり、2010年を過ぎてからその普及の速度も速く、量的にも、質的にも多方面にわたって普及がみられるに至った。

障害者等の情報のバリアフリーの対策は、ICT等の情報を介在した交通サービス等を中心にそのサービスに対して、不利益や困りごとをできるだけ軽減することがその対策である。情報といってもその内容が複雑なので、次に情報の仕組みについて述べておく。

## (3) 情報システムと情報系システムの仕組み

①情報システムとは

コンピューターやネットワークを利用して情報を扱う仕組みで、基幹系システム（在庫管理システム、販売管理システム等）と情報系システム（Web会議システム、SNS、掲示板等）の2つがあり、障害者のICTを考えるのはこの情報系システムが中心となる。

②情報系システムの仕組み

「アプリケーション」「プラットフォーム」「インフラストラクチャー」という3層の仕組みで成り立っている。例えば障害者利用者は自分自身が必要とするアプリケーションを用いて、目的を達成する。この3層のアプリケーションが障害者には必要となる。

## (4) 障害者のICTのバリアフリーの考え方（図5.1.3）

ここでのICTのバリアフリーの基本目標は、障害者の外出におけるICTによる困りごとをいかに少なくするかである。つまり、社会モデルから考えるとICTを一般の人と等しく利用できることに他ならない。

もちろん未来には、障害者が簡単に情報を得ることや、他の人とつながることを可能にすることデジタル社会を目指すことは言うまでもない。この点から、**図5.1.3**は障害者の困りごとを「理念、法律、技術」により「都市空間で用いるICTの困り事を解決す対象施設の概念図で示したものである。

## (5) 障害者のICTの困り事 (表5.1.1)

**表5.1.1**は高齢者・障害者の困りごとの具体的レベルにおける内容を対象者別に記述し示したものである。

1) 車いす使用者：以下の2種類である

①座席予約アプリ：JRの新幹線座席予約のアプリとSuicaによる割引アプリ

②バリアを検索するアプリ：らくらくおでかけネット、走行ルートを共有するアプリ

2) 視覚障害者：すでに実用レベルの案内システムが③～⑤によって開発されている。しかし、移動中の地点を知ることや、Webなど地図がPDFで表示しているために読めないことが課題としてある。

③視覚障害者のスマホによるナビゲーションアプリ：shikAI、ナビレンス、高度化点字ブロック

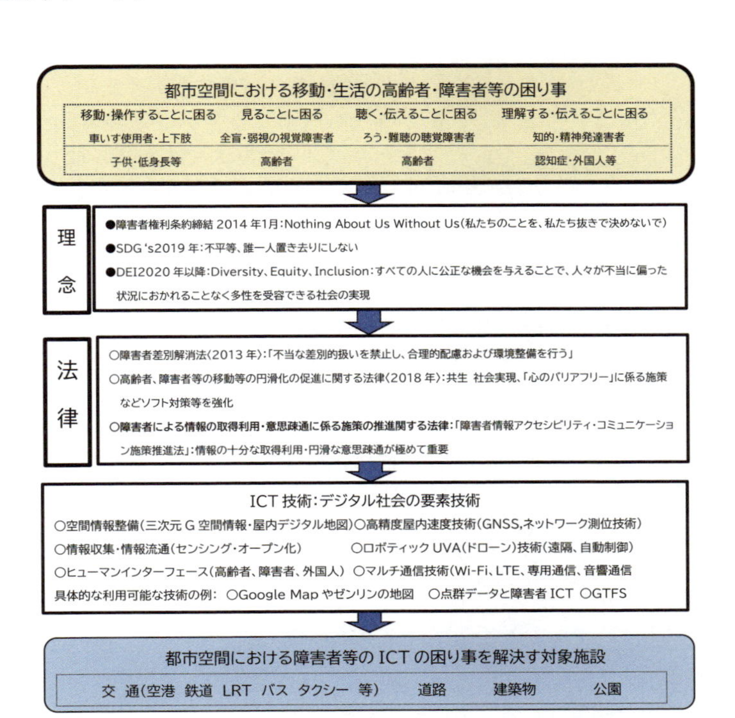


図5.1.3 障害者の困り事とICTバリアフリーの解決方法

表5.1.1　情報サービス（ICT）における障害者の困り事

| 対象障害と困る要素 | ICT困り事の解決技術 | 現在の困りごと対策 |
|---|---|---|
| 車いす使用者【動くこと】【操作する】 | ICTによるJR新幹線座席予約 | 2023年9月16日以降、商品を問わずに予約できます。座席の種類から車いす対応座席を選択し、商品をご選択。 |
| | Suicaの障害者割引 | Suicaで障害者割引が適用されるサービスが2023年3月に開始 |
| | エコモ財団の「らくらくおでかけネット」 | ある程度バリアフリールートの詳細な説明が入手可能。 |
| | WheeLog！アプリ | 車椅子ユーザーが自分の走行ルートなどを共有するサービスもある。 |
| 視覚障害者【視ること】 | 視覚障がい者案内システム「shikAI」 | 駅構内の点字ブロックにQRコードを設置し、iPhoneのカメラで読み取り、目的地までの移動ルートを、音声で目的地まで案内する。 |
| | ナビレンス | スマートフォンのカメラでスキャンするだけで、読み取ったタグに含まれている必要な情報を得て行動するシステム。 |
| | 高度化点字ブロック | 既存の点字ブロックにマーキングを施し、そのパターンをスマホが読み取り、今、何処で、この先に何が有るのかを音声で伝えるシステム |
| | 自律型誘導ロボットAI Suitcase | 視覚障害者を目的地まで自動で誘導するスーツケース型ロボット |
| | 白杖歩行安全支援機器スマートウォーク | カメラと画像認識技術を活用した肩掛け式の歩行安全支援機器（ダイハツ試作開発中） |
| | Eye Navi | AIの画像認識技術を活用した障害物や必要な情報（自転車、車、点字ブロック、歩行者信号の赤・青など）を検出し、それらをiPhoneのカメラで捉えたとき、音声で瞬時に知らせる。 |
| 聴覚障害者【聴くこと】【伝えること】 | 音声情報の文字化 | 電車に乗っている際に、事故等があって電車が停車した場合、アナウンスでしか情報が提供されないため状況の把握ができない。 |

| 対象障害と困る要素 | ICT困り事の解決技術 | 現在の困りごと対策 |
|---|---|---|
| | SpeechCanvas/Google Playのアプリ（コミュニケーションツール） | 音声認識技術を用い、聴覚障碍者と健聴者との会話を強力にサポートするアプリ。話した言葉が次々と画面上に、ふりがな付きで文字となり、画面を指でなぞれば絵や文字をかくことができる。 |
| | UDトーク | UDトークは音声認識と自動翻訳を活用した生活やビジネスの様々なシーンで活用できるアプリ |
| | 透明翻訳ディスプレイ「VoiceBiz®UCDisplay®」 | 音声認識した内容を、高精度な翻訳文章として透明ディスプレイに表示する。（コミュニケーションツール）窓口・受付など相手の顔を見ながら会話する場面で、自然な会話を促進する。鉄道の窓口などで有効。 |
| | 聴覚障害者コミュニケーション支援サイト | スマートフォンを想定した画面の指差しで応答する聴覚障害者のコミュニケーション支援サイト |
| 発達障害・認知症【聴くこと】【理解すること】【伝えること】 | スマホで高齢者を見守る無料アプリ | みまもりサービスは、見守る側、見守られる側にそれぞれのアプリをインストールすることで使用。 |
| | 発達障害者の生活をサポートしてくれるアプリやツール | 発達障害を持つ人にとって、日々の生活をサポートしてくれるアプリやツール。①日常生活の動作をサポートするアプリ ②コミュニケーションを支援するアプリ、③時間を管理できるアプリ、 |
| | 理解していただく努力 | 事前体験型訓練の自己研修ソフト、空港での研修体験、職員などは、分かりやすい言葉で説明するソーシャルストーリーの体得 |

④スマホアプリとカメラで誘導：白杖歩行安全支援機器スマートウォーク

⑤自動で誘導：AI Suitcase

3) 聴覚障害者：スマホを介した音声の文字表示と翻訳した文章の表示、および高精度な翻訳文章として透明ディスプレイに表示するコミュニケーションツールがある。

⑥スマフォを介した音の変換アプリ：UDトーク、SpeechCanvas/Google

Playのアプリ（コミュニケーションツール）

⑦透明翻訳ディスプレイ：音声認識した内容を、高精度な翻訳文章として透明ディスプレイに表示するコミュニケーションツール。「VoiceBiz® UCDisplay®」

4）発達障害・認知症：主として見守りや生活支援が中心となるアプリがある。

⑧スマホで高齢者・発達要害者を見守る無料アプリ

⑨発達障害者の生活をサポートしてくれるアプリやツール

# 5.2> 車いす使用者の情報技術

## (1) らくらくお出かけネット

らくらくお出かけネットは10年以上前に、駅のバリアフリー情報（段差、エレベーター、多機能トイレ）を提供しようということで始まったが、現在は乗り換え検索、駅からの福祉輸送サービスの情報ハンドル型電動車いすの利用情報なども提供するまでになっている。（図5.2.1）

全国の鉄道駅やバスターミナル、空港ターミナル、旅客船ターミナルの連絡先情報、ホームページアドレス、トイレ情報、駅やターミナル内の移動情報を

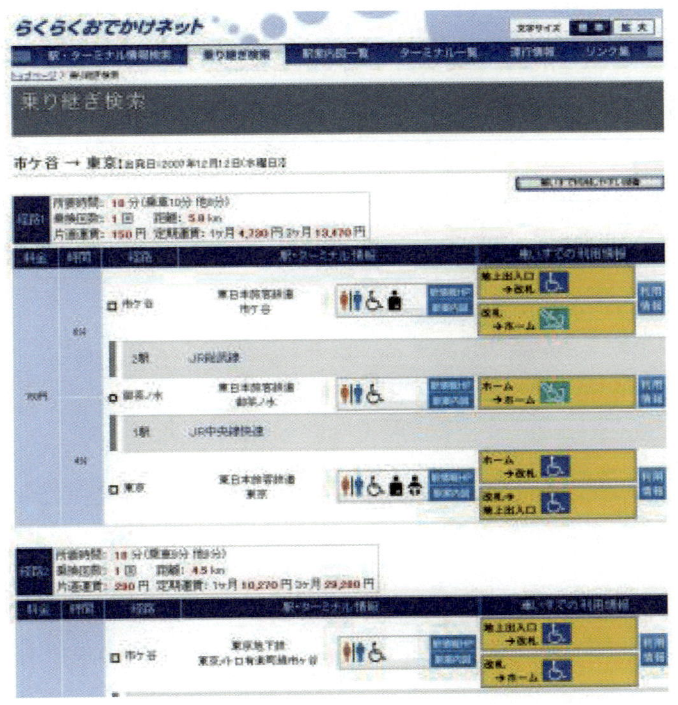


図5.2.1 「らくらくおでかけネット」乗り継ぎ検索画面

【文献】国土交通省　https：//www.mlit.go.jp/kisha/kisha03/0

見ることができる。駅構内の設備や車いすでの乗り換えがしやすいルートなどが入った駅構内の案内図も表示されているので、エスカレーターやエレベーター、トイレの位置などがわかるようになっている。事前連絡、介助が必要かどうかなど、経路となる駅の利用情報も提供している。

・乗り換え検索：出発地と目的地を入力し、所要時間の短い順、乗り換え回数の少ない順を選ぶ。また、車いすで行きやすい順に表示することも可能である。いずれも複数の経路を表示する。

・駅からの福祉輸送サービスの情報：各駅・ターミナルからのタクシーなどの福祉輸送サービスの情報を提供している。

・ハンドル型電動車いすの利用情報：鉄道事業者別に利用できる駅や条件等の情報を提供している。

## (2) 新幹線の車いす座席の予約

新幹線または在来線特急列車には、車いす対応座席をご用意している列車がある。ここではJR 東海の新幹線座席の予約方法を説明する。(図5.2.2)

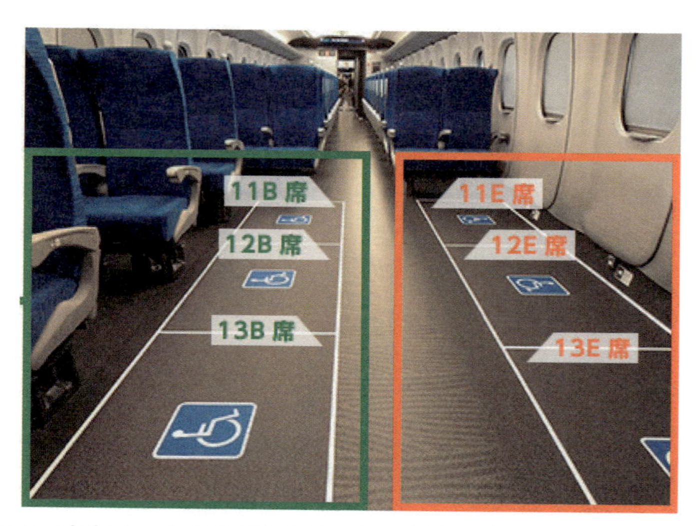


図5.2.2　東海道・山陽新幹線 N700S 11号車の車いすスペースのご案内

【文献】「車いす対応座席」の予約｜エクスプレス予約 新幹線の会員制ネット予約 (expy.jp)
https://expy.jp/reservation/reserve_exic/wheelchair

・JR東海の新幹線車いすスペースの予約の概要：ここでは東海道・山陽新幹線 N700S 11号車の車いすスペースを例に予約システムを紹介する。11号には、車いすスペース（移乗席あり）（B席）、車いすスペース（移乗席なし）（E席）、車いす付添席（A席）の3種類がある。複数種類の座席を予約する場合は、1度に予約できない。1種類ずつの予約が必要である。利用期間は通年、乗車日の1ヵ月前（10：00）から予約が可能である。
・車いすスペース等の予約：通常のエクスプレス予約方法と同様、希望の列車を選択のうえ、ご予約する。スマートホンアプリ、およびパソコンアプリから操作できる。
・新幹線予約をタップする順序（**表5.2.2**）：予約の手順は1日時から6座席表までの手順で入力する。

## (3) WheeLog（図5.2.3）

WheeLog（ウィーログ）とは、車いすで実際に走行したルートやユーザーが利用したスポットなど、ユーザー体験に基づいたバリアフリー情報を共有できるバリアフリーマップのプラットフォームである。アプリを用いてユーザーが

**表5.2.1　新幹線の座席の詳細**

| 座席 | 内容 |
|---|---|
| A席 | 車いす付き添いの方向け座席 |
| B | 車いすスペース（移乗席あり） |
| E | 車いすスペース（移乗席無し） |

【文献】「車いす対応座席」の予約｜エクスプレス予約 新幹線の会員制ネット予約（expy.jp）
https：//expy.jp/reservation/reserve_exic/wheelchair

**表5.2.2　新幹線予約をタップする順序**

| 1. 日時　　2. 乗車駅、降車駅 |
|---|
| 3. 席種　　4. 車いす対応座席（車いすスペース）（※移乗席あり） |
| 5. 車いす付き添い席、車いすスペース |
| （移乗席無し） |
| 6. 座席表（1席） |

【文献】「車いす対応座席」の予約｜エクスプレス予約 新幹線の会員制ネット予約（expy.jp）

図5.2.3　一般社団法人WheeLog | 地域共生社会のポータルサイト | 厚生労働省

www.mhlw.go.jp/kyouseisyakaiportal/jirei/06.html

投降した各スポットのエレベーター・スロープ・トイレなどのバリアフリー情報や、車いすで走行した道を見ることができる。

運営は、みんなでつくるバリアフリーマップWheeLog！は「車いすでもあきらめない世界をつくる」というミッションを実現するために、一般社団法人WheeLog（2018年8月設立）とNPO法人ウィーログ（2023年3月設立）が業務連携して運営している。

WheeLog！はデジタル版バリアフリーマップである。車いすで実際に通った道や、ユーザー自身が訪問して利用した施設など、ユーザー体験に基づいたバリアフリー情報を共有する。 無料で利用でき、日本だけでなく世界中のバリアフリー情報をアプリやWebで見ることがでる。

## 5.3 視覚障害者の新技術

### (1) 視覚障害者の困り事（表5.3.1）

「見ること」に困っている人は、全盲の人・ロービジョン（弱視）の人・お年寄り・子どもなどである。視覚障害の主な特徴は表5.3.1に示した通りである。見ることに困っている人の視覚障害は従来までの対策は、視覚障害者誘導用ブロック、交差点の音響信号機、建物の入り口の触知図は全国いたるところに普及している。そして、ここ10年でらくらくお出かけネット、スマホ読み取り型音声案内などのICTによる案内などが普及している。今後の視覚に困る人の対策は、今までの設備（視覚障害者誘導用ブロック、音響信号等）、人的対応、ICTの対応などを適切に組み合わせた対策が必要である。これらの困りごとを多様な方法によって、解消することや軽減することである。30年後の将来の視覚障害者の誘導や安全確保は、今までの人的支援や視覚障害者誘導用誘導ブロックなどの対策に加え、今後開発が進むICTや音声情報なども加えた総合的な対策が求められる。

ここでは、視覚障害者誘導用ブロックは多くのガイドラインなどで論述されているのでここでは説明等は割愛する。特に音を中心とする困り事の対応、ICTを中心とする考え方を整理するにとどめる。

### (2) 音声・音響に関連するバリアフリー整備ガイドライン

公共交通機関の旅客施設・車両等・役務の提供に関する移動等円滑化整備ガイドライン（バリアフリー整備ガイドライン）の音声・音響案内の考え方は、「①車両等の運行（運航を含む。）に関する情報（行き先及び種別等）を音声により提供するための設備を設ける。②また音声・音響案内を提供する場合、スピーカーを主要な移動経路に向けて流し、その音量は、その移動経路の適切な地点から確認して、周囲の暗騒音と比較して十分聞き取りやすい大きさとする。」などである。これに基づいて策定された音声・音響案内に関する「車両・駅舎等」のガイドラインが表5.3.2である。

表5.3.1　バリアフリー整備ガイドライン音声・音響案内

| 音声・音響案内 | | |
|---|---|---|
| 車両等の運行に関する案内 | | ○車両等の発車番線、発車時刻、行先、経由、到着、通過等のアナウンスは聞き取りやすい音量、音質、速さで繰り返す等して放送する。 |
| | | ○同一プラットホーム上では異なる音声等で番線の違いがわかるようにする。 |
| 駅舎 | 鉄軌道駅改札口 | ○改札口の位置を知らせる音響案内装置を設置。有人改札口に上記音響案内装置を設置す。 |
| | エスカレーター | ◎エスカレーターの行き先及び上下方向を知らせる音声案内装置を設置する。 |
| | トイレ | ○トイレ出入口付近壁面に、男女別を知らせる音声案内装置を設置する。 |
| | 鉄軌道駅のプラットホーム | ○スピーカー設置は、空間特性・周辺騒音に応じて、設置位置、音質、音量、ホーム長軸方向への狭指向性等を配慮し設置。○ホーム上出口に階段始端部の上部に音響案内装置設置。 |
| | 地下駅地上出入口 | ◇地下駅の移動等円滑化された経路の地上出入口において、その位置を知らせる音響案内装置を設置することが望ましい。 |
| | 触知案内図等 | 触知案内図等及び点字表示 |
| | 旅客施設の窓口 | ◇ヒアリンググループ等を設置することが望ましい。 |
| その他 | 音響計画 | ◇指向性スピーカー等の活用により、音声・音響案内の干渉・錯綜を避け、必要な情報が把握しやすい音響計画を実施する。 |
| | 案内文設定の考え方 | 案内内容は、行き先方向を端的に短く伝えること。冗長な案内は混乱を招く。 |

【出典】2024年3月　公共交通機関の旅客施設に関する移動等円滑化整備ガイドライン（旅客施設編）

## (3) 視覚障害者の単独歩行に影響を与える要因

視覚障害者の単独歩行に影響を与える要因を柳原崇男氏の講演を基に表5.3.2に整理した。これから視覚障害者の単独歩行は個人的要因を背景として、物的要因においては、従来まで積み重ねた技術は、①情報環境（歩行支援情報システム）、②視環境（色・照明）、③触知環境（誘導・警告ブロック）、④音環境（音響・音声案内）、⑤空間環境（道路空間等）が長年行われてきている。ここでは、音や通信など直接見ることが出来ない物的環境のうち、①情報環境（歩行支援情報システム）、④音環境（音響･音声案内）、の2つを対象として考える。その理由は、通信情報環境については、10年以上前に比べその環境は劇的に変化しており、現在あるいは将来の通信環境に対応したものを用いなければほとんど役に立たないからである。また、音環境は通信と同様新しい開発は進んでいるが、人間の聴覚は変化してない。つまり、危険を知る、場所を認識するなどに役だつ音や音サインを多様な環境で適正に聞き取ることが出来る環境が重要である。そのためには、重要な音を聞き取るために他の音を制御することも併せて必要である。

## (4) 視覚障害者の音による誘導（表5.3.3/表5.3.4）

トイレ、エレベーター、エスカレーター、道路上では音響信号などの音声案内、また鉄道駅・道路・建築物等における音案内などが主な音声誘導である。音環境の計画デザインに際しては、音環境を環境性、情報性、演出性の三つの視点からとらえる必要があるとしている。この点から既存の音サインを行動と

表5.3.2　視覚障害者の主な困り事の特性

| 対象者 | 主な特性（より具体的なニーズ） |
|---|---|
| 視覚障害を持つ人 | 視覚による情報認知が不可能か困難を伴う人である。<br>空間把握や目的場所までの経路確認が困難である。<br>案内表示の文字情報の把握や色の判別が困難である。<br>白杖を使用しない場合など外見からは気づきにくいことがある。 |

視覚障害者情報支援システム：体験型視覚障害者支援情報システムのセミナー：日本福祉のまちづくり学会　事業委員会、中央大学研究開発機構、2023.5.30　柳原崇男講演資料より

表5.3.3　視覚障害者の単独歩行に影響を与える要因

<table>
<tr><td rowspan="9">移動の容易さ</td><th colspan="3">影響要因</th><th>具体的内容</th></tr>
<tr><td rowspan="7">環境的要因</td><td rowspan="2">社会的要因</td><td>理解・マナー</td><td></td></tr>
<tr><td>人的要因</td><td></td></tr>
<tr><td rowspan="5">物的要因</td><td>①情報環境</td><td>歩行支援情報システム</td></tr>
<tr><td>②視環境</td><td>色・照明等</td></tr>
<tr><td>③触知環境</td><td>誘導・警告ブロック</td></tr>
<tr><td>④音環境</td><td>音響・音声案内</td></tr>
<tr><td>⑤空間環境</td><td>道路空間等</td></tr>
<tr><td>個人的要因</td><td colspan="2">補助具<br>生活ニーズ<br>身体能力</td><td>白杖、介助犬<br>医学、リハビリテーション</td></tr>
</table>

視覚障害者情報支援システム：体験型視覚障害者支援情報システムのセミナー：日本福祉のまちづくり学会　事業委員会、中央大学研究開発機構、2023.5.30　柳原崇男講演資料より

関係づけてとらえる4つを説明する。

A.　危険回避のための音：全も等の人は自動車、他の歩行者、障害物など様々なものに衝突することがある。全盲の視覚障害者に多くみられる障害物認知として、反射音の利用や障害物による遮音効果の利用によって障害物などを避けることが必要である。

B.場の認知のための音

1) オリエンテーション：パスの認知：車の走行音や人の足音等の音と平行して歩いくことや音について行くことで、進行方向を維持する。

2) ノードの認知：音響式信号機等はノード認知に利用されることもある。

3) エッジの認知：敷地境界の壁を白杖などで伝うという行為である。

4) ランドマークの認知：目印として特定の場所を示す情報、駅の改札のチャイム、広場の噴水の音などである。

5) ディストリクトの認知：ある程度の広さを持つ領域・地域、例えば商店街等である。

C.既存の音サイン：音響式信号機や「ピーンポーン」等の誘導チャイムなどを言う。

1) 利用者と非利用者との対立：利用者と非利用者との間に対立（コンフリク

表5.3.4　既存の音サインの主な内容

| | |
|---|---|
| A.危険回避の音 | 全盲の視覚障害者に多くみられる障害物認知として、反射音の利用や障害物による遮音効果の利用 |
| B.場の認知のための音 | 1）オリエンテーション　2）ノードの認知　3）エッジの認知<br>4）ランドマークの認知　5）ディストリクトの認知 |
| C.既存の音サイン | 音響式信号機や「ピーンポーン」等の誘導チャイムなど<br>1）利用者と非利用者との対立　2）音サイン同士の干渉<br>3）類推性（アナロジー） |
| D.音環境の整備 | 1）マイナスのデザイン　2）音と建築 |

【出典】日本福祉のまちづくり学会 身体と空間特別研究委員会：視覚障害者のための音環境、日本音響学会誌73巻5号（2017）、pp.324–329

ト）が起きること

2）音サイン同士の干渉：一か所で多くの音サインが同時に聞こえ てしまうことで混乱が起きるケース

3）類推性（アナロジー）：トイレの入り口で水の流れる音を流すような事例

D.音環境の整備

1）マイナスのデザイン：単純に音サインが増えていくだけのデザインは好ましいとは言えない

2）音と建築：メンテナンスや耐火性などの問題から、空間全体の吸音力が低く、残響時間が長くなることが多い。吸音が十分でない場合、本来役に立つポテンシャルを秘めた環境性の音が他の音にかき消され利用しづらくなる。

## (5) 視覚障害者のICT

以上のことを前提に視覚障害者のICTを今後どのように進めるべきかを考える必要がある。AIやMaaS等の最先端技術については、進展が目まぐるしいものがあるので、ここでは論述しないことにする。

1）ICTのアプリの開発

今まで開発されているICTは、ニーズが十分に組み込まれず結果的に当事者から使い勝手が良くないとの声が挙がるケースも散見されている。機器、サービスの構想段階や実際の設計段階等における当事者参画の意義や進め方についてどう考えるか。当事者参画を進めるにあたり留意すべきことは何かを考える必要がある。

①一般と当事者の同一情報化：可能な限り障害者と障害のない人が同一の情報を円滑に取得できるようにすることが重要。

②総合性：社会システムとして、縦割りでなく「総合的（横断的）」な検討が必要であり、バリアフリー分野として特化することなく、他分野連携による「総合知」としての検討が必要。

③既存技術と相互連携できる新たな技術の開発の推進

④ユーザーオリエンテッドで考えてたユーザーインターフェースの標準化が重要

2) ICTの活用

①ICT活用において、「利用者」、「提供者（企画者）」および「開発者」の立場からの理解と三者のICTの特徴、利点および欠点等について共通認識するための整理がまず必要

3) ICTと人的支援のコラボレーションの必要性

ICT技術のみでは対応が難しい場面（例えば視覚障害者に空席や列を知らせる等）においては、人による支援が望まれるところ。人的支援とICT技術の役割分担や人的支援を容易にするICTのあり方をどう考えるか。

# 5.4> 聾唖者あるいは聴覚障害者の新技術

## (1) 音声に関する情報とコミュニケーション

近年、DX（Digital Transformation）やICT（Information and Communication Technology）の急速な発展により、コミュニケーションの一部を代替・補完する多様な技術・ツールが提供されている。

音声を情報として捉えると、送り手と受け手（入れ替わりも含む）の間のコミュニケーションにおいて困難が生じるのは、情報が正確に伝わらない、あるいは伝わり難い状況を指す。そして、実際の社会において、音声におけるコミュニケーションで困難が生じるのは、受け手が送り手の発信した音声情報を理解できない、あるいは理解をできたとしても受けた情報に対応する音声情報を発することができない場合があり、一般的に聴覚障害者や外国人を介在したコミュニケーションの場が想定される。

以上のように、音声情報によるコミュニケーションにおいて困難な状況が生じるのは、外国人とのコミュニケーションの場合もあるものの、その代替・補完において、よりハードルが高くなると思われる聴覚障害者とのコミュニケーションに着目し、それらを代替・補完する技術について、以降整理を行う。また、特に聴覚障害者の中でも耳が聞こえず言葉が話せない「聾唖（ろうあ）者」も念頭に置きつつ、整理を行う。

## (2) 聴覚障害者のコミュニケーションを取り巻く環境

伝統的に「聾（ろう）者」とのコミュニケーションは、一つの手段として、「手話」により行われてきた。その「手話」を「言語」と認知する手話言語条例（自治体により呼称は多様）の制定する自治体が増加してきている。我が国においては、2013年に鳥取県において初めて制定されたが、全日本ろうあ連盟のWEBサイト[1)]によると、2024年9月18日現在で38都道府県21区359市117町7村、合計542自治体で制定するに至っており、聴覚障害者のコミュニケーション推進の礎となっている。

また、障害者全般に係わることとなるが、自治体によっては移動等円滑化促進方針（マスタープラン）あるいはバリアフリー基本構想策定により、ソフト面である「心のバリアフリー」も含め、ハード面においては面的・連続的な整備が図られるようになってきている。

### (3) 聴覚障害者のコミュニケーション技術動向と課題

音声情報によるコミュニケーションにおいて困難が生じる場合、伝統的には人間（第三者）が介在した手話通訳や筆談等により変換（補完・代替）され、情報伝達が行われ、コミュニケーションが図られてきた。

その後、機器の発達や活用に伴って、音声の拡大機能や「光」で知らせるトイレのフラッシュ（光）サインや自宅の（光）チャイム、デジタルサイネージの他、「文字」で知らせる駅の電光掲示板・デジタルサイネージのサイン等、音声送受信のための設備である磁気誘導ループ（ヒアリングループ）等、多様な機器により情報伝達が図られてきた。そして、特にデジタルサイネージ等のサインにおいては、ユニバーサルデザインの観点からすべての（より多くの）方々によりわかりやすいよう、あるいは伝わりやすいよう「光」や「文字」情報に加えて光の点滅や色の配色による工夫（カラーユニバーサルデザイン）等も考慮されるようになってきている。

これらのよりわかりやすく、また伝わりやすい技術については、交通・移動等に伴う日常生活の平常時はもちろんのこと、災害時などの緊急時（避難行動）には特に重要となることから、より一層の利用者目線に立ったCS（Customer Satisfaction ／ 顧客満足）向上の技術発展が望まれるところである。特に、CS向上の視点として、「ユニバーサルデザイン（UD）」が最も重要であり、UDの充実を図るためには使える状態にする「アクセシビリティ」、対象となる人を広げる「ダイバーシティ」、使いやすくする「ユーザビリティ」の要素それぞれの向上が重要となる。

また近年は、施設等における設備・備品（基幹系システム）とは異なり、常に携帯可能なスマートフォンの発展・普及、またスマートフォンに実装されている各種センサー技術（音声文字変換や位置情報等）の発展により、音声によるコミュニケーションを代替・補完する技術（アプリケーション）が大きく進

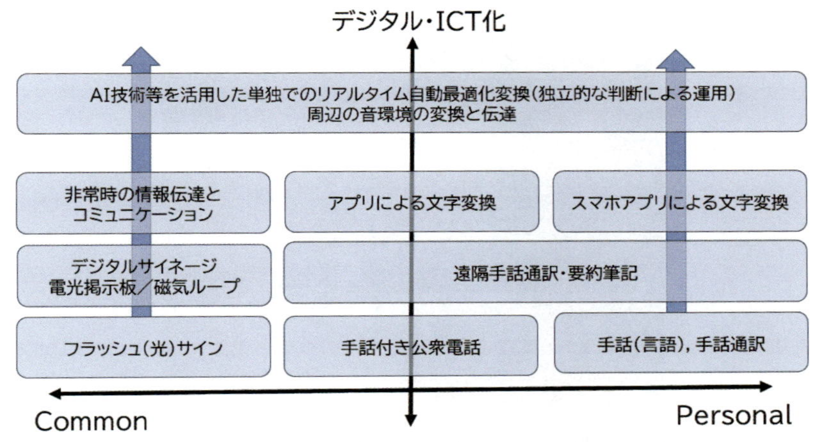


**図5.4.1　音声情報にかかわる技術動向概念図**

展してきている。

**図5.4.1**に音声情報にかかわる技術動向の概念図を示す。

**図5.4.1**には、交通・移動における利用を想定し、公共交通における交通施設における設備を想定した「Common」とスマートフォン（PC・タブレットも含む）等の携帯端末を想定した「Personal」とその中間的位置づけの3つに大別し、デジタル・ICT化に従って分類し、イメージ化している。そして、図中にも示すように、将来的には情報取得にハンディキャップがあったとしても、AI技術等の高度化により、その不足部分を代替・補完し、よりスムーズ（自動的にかつ独立に最適化変換）にコミュニケーションが図られるような技術が確立すると思われる。

## (4) 聴覚障害者対応の新技術事例

全国のJRで導入が進められている「アシストマルス」であるが、JR北海道では「話せる券売機」として、管内の駅に設置されつつある（**写真5.4.1**参照）。

聴覚障害者については、「オペレーター呼び出しボタン」によって呼び出し、「カメラモニター」を通して、オペレーターと直接コミュニケーションを取ることができる仕組みとなっている。また、この券売機は、視覚障害者等にも対応が可能となっている。

写真5.4.1　JR北海道「話せる券売機」

北海道においては、近年「みどりの窓口」の営業時間の縮小が行われ、また人手不足等による無人駅なども多いことから、いつでもどこでも対応が可能となる「話せる券売機」の普及は、障害者対応のみならず、操作の苦手な方たち、操作トラブル時などにも対応可能となっており、鉄道交通利用時の有効なツールとして期待されている。

## (5) 音声を伝える新技術と今後の課題と期待

駅や空港等の交通施設におけるサインについては、伝える技術の発展により、聴覚障害者に限らず、多くの利用者に多様な情報を伝えるサインが充実してきている。サインの充実について、我が国は諸外国に比較し、施設設備においては高度なレベルに達していると思われる。

表5.4.1に交通・移動面における聴覚障害者への情報サービスの課題について示す。

表5.4.1　[交通・移動面] 聴覚障害者への情報サービスの課題

| 分　野 | 情報カテゴリ | 今後の課題 |
|---|---|---|
| 施設・設備による情報サービス | サインによる情報提供 | 平常時については、UDにより高いレベルでわかりやすく情報提供がなされているが、非常時・緊急時の情報提供については、課題が存在する。 |
| スマートフォン等（タブレットやPC含む）情報機器により情報サービス | 音声情報によるやり取り | UDトークを始めとして、スマートフォンのアプリケーションとして、音声の文字変換などが容易にできるようになってきているが、その速度と正確な認識率（誤読率）において、課題が残る。 |

**表5.4.1**でも示されているように、聴覚障害者の困りごととなる音声によるコミュニケーションを解決するにはcaptiOnlineやUDトークなどを始めとして、各種情報支援サービスが発展して来ている。そして、それらのサービスの発展に伴い、実践の場面での使用においてユーザビリティは日々進化してきているものの、未だ多くの課題を有している。

また、アプリケーション等の情報サービス利用にあたっては、使用する場面（TPO）によって、「導入の容易さ（費用面も含む）」、「使用する場面（日常会話・専門用語の交る会話）」、「リアルタイムでの使用性（訂正の必要性も含む）」、「認識率（文字起こしの正確性）」等について検討する必要がある。

近年、日常会話レベルにおいては、情報サービスの高度化・進展により、ほぼ問題なくコミュニケーションが取れるようになってきてはいるものの、今後、AI技術やICT技術のさらなる発展により、「いつでもどこでも」よりスムーズにコミュニケーションが図られるような時代になってくることが期待される。

参考文献

1)　一般財団法人全日本ろうあ連盟「手話言語条例マップ」, https://www.jfd.or.jp/sgh/joreimap, 2024.9.20参照

# 5.5> 目に見えにくい障害（発達障害を中心に）

## (1) 発達障害とのコミュニケーションの取り方

発達障害者支援法（平成16年、2004年）において「発達障害」とは、「A.自閉症、アスペルガー症候群その他の 広汎性発達障害」、「B.学習障害」、「C. 注意欠陥多動性に類する脳機能の障害」であってその症状が通常低年齢において発現するもの」と定義される。それぞれの関係は図5.5.1に示した。

主な3つの発達障害は、問題点として、①不安により突然大声を出してしまう（自閉症）、①相手の気持ちがわからない（アスペルガー）、②書くことが苦手（学習障害）、③予定を忘れる（注意欠陥欠陥多動性障害）、などの特性がある。また、良い点として①一生懸命、活動に取り組む、②専門家顔負けの知識を持っていて、お友達に感心される、などである。

## (2) 自閉症、アスペルガー症候群その他の広汎性発達障害

自閉症の人の例：急に予定が変わったり、初めての場所に行くと不安になり動けなくなることがよくある。そんな時、周りの人が促すと余計に不安が高くなって突然大声を出してしまうことがある。周りの人には、「どうしてそんなに不安になるのか分からないので、何をしてあげたらよいかわからない」と言われてしまう。でも、よく慣れた場所では誰よりも一生懸命、活動に取り組むことができる。

①アスペルガー症候群の人の例：

他の人と話している時に自分のことばかり話してしまって、相手の人にはっきりと「もう終わりにしてください」と言われないと、止まらないことがよくある。周りの人には、「相手の気持ちがわからない、自分勝手でわがままな子」と言われてしまう。でも、大好きな電車のことになると、博士と言われるぐらい専門家顔負けの知識を持っていて、お友達に感心される。

②学習障害（LD）の人の例：

会議で大事なことを忘れまいとメモをとるのだけれど、本当は書くことが苦手なので、書くことに集中しようと気を取られて、かえって会議の内容が分からなくなることがある。後で会議の内容を周りの人に聞くので、頑張っているのに周りの人には、「もっと要領良く、メモを取ればいいのに」と言われてしまう。でも、苦手なことを少しでも楽にできるように、ボイスレコーダーを使いこなしたり、他の方法を取り入れる工夫をすることができる。

③注意欠陥多動性障害（AD/HD）≫ADの人の例：

大切な仕事の予定をよく忘れたり、大切な書類を置き忘れたりしてしまう。

表5.5.1　発達障害の困り事とそのサポート

| 困り事 | サポート |
| --- | --- |
| ・人とのコミュニケーションがとりにくい<br>・社会や他の人に合わせた行動が苦手<br>・自分が困っていることが分からない、あるいはうまく伝えられない | ・いろんな人がいることを理解し、尊重すること<br>・話をするときは、わかりやすく、ゆっくり、丁寧に、繰り返し伝える。<br>・子ども扱いしない |

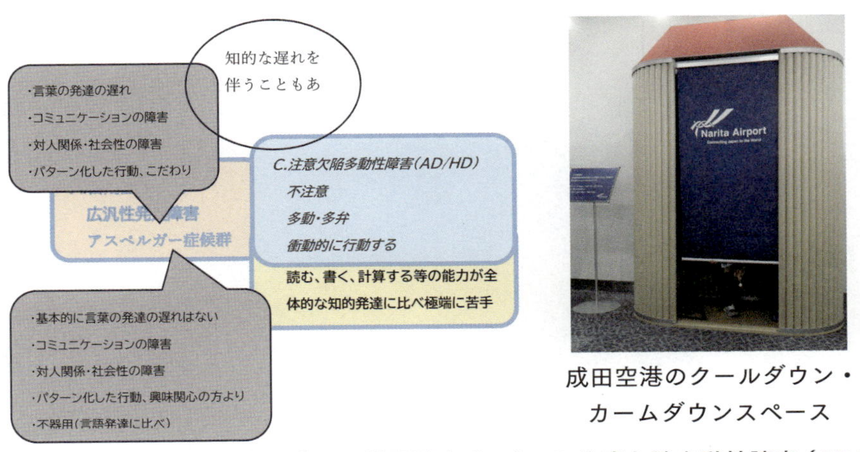

成田空港のクールダウン・カームダウンスペース

図5.5.1　A.自閉症（ADS）、B.学習障害（LD）、C.注意欠陥多動性障害（AD/HD）参考文献）厚生労働省

周りの人にはあきれられ、「何回言っても忘れてしまう人」と言われてしまう。でも、気配り名人で、困っている人がいれば誰よりも早く気づいて手助けすることができる。

### (2) 公共交通を利用するため新技術と支援（クールダウン・カームダウン室、支援のための事前訓練等）

市川宏伸氏、内山登紀夫氏（一般社団法人日本発達障害ネットワーク）などが自閉症者などに多い〝パニック〟が生じた時に冷静になるためのスペースあるいはルームを設置する。これがカームダウン・クールダウン室である。成田国際空港や新国立競技場などで設置して以後各地でみられるようになった。**図5.5.1**は成田空港の例である。

#### 参考文献

厚生労働省　https://www.mhlw.go.jp/seisaku/17.html　厚生労働省：政策レポート（発達障害の理解のために）社会・援護局障害保健福祉部精神・障害保健課

6章

# 座談会

▼

# 30年後の交通はどうなるのか？

人口減少や高齢化の進展、環境問題・課題及び、情報技術の進化や急速な情報自体の普及速度の変化によって、30年後に都市及び交通がどのように変わるべきかといった視点で、座談会を行った。

**出席者**

司会
**中村 文彦**
(なかむら ふみひこ)
東京大学

**髙見 淳史**
(たかみ きよし)
東京大学

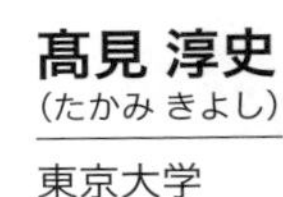

**秋山 哲男**
(あきやま てつお)
中央大学研究開発機構

**竹内 龍介**
(たけうち りゅうすけ)
中央大学研究開発機構

**菅原 宏明**
(すがわら ひろあき)
八千代エンジニヤリング

## <座談会をはじめるにあたって>

**中村**　それでは座談会を開始いたします。進行は東京大学の中村文彦が担当いたします。

まず、われわれはこの小委員会の名前を「新ブキャナン」と仮称しています。「一体それは何でですか？」とよく問われました。小委員会を立ち上げた時に、背景としてわれわれの思っていたことは3つあります。1つめは、人口が減り、高齢化も進んでいること。2つめは、環境問題に関わる一通りの課題。3つめは、その一方で情報技術はすごく進化していること、加えて情報の変化の速度・普及の速度がものすごい勢いで変化していることをどう考え、将来どのように対応するかということ。この3つの課題を中心に攻め込んでいく形にしたいと思います。

## 1　なぜ「新ブキャナン」なのか?

**中村**　それでは最初に、われわれがなぜ「新ブキャナン」と呼んでいるのかというところから、秋山先生にお話しいただければと思います。

**秋山**　新ブキャナンという言葉ですけれども、英国のロンドン大学のColin Buchanan（コーリン・ブキャナン）の名前にちなんで付けたものです。C.ブキャナンは当時長期的視点に立って、自動車化社会がここまで進むと大きな問題となるということを危惧し、1963年に通称「ブキャナンレポート」をまとめました。正式には『Traffic in Towns』、日本語訳は『都市の自動車交通』と言います。当時の東京大学土木工学科の八十島義之助教授と、新設の都市工学科の井上孝教授の下で、当時の大学院生でした太田勝敏先生（現・東京大学名誉教授）らが翻訳をされました。

太田先生は、ブキャナンレポートは自動車の飽和水準、ラドバーン方式、アクセシビリティ、居住環境容量、交通建築といった諸概念を導入し、現在でも通用する基本原理を明確にしたとおっしゃっています。この点において、C.ブキャナンの名前を取って「新ブキャナン」と命名した次第です。

**中村**　ありがとうございました。当時ブキャナンレポートは世界中の都市交通に関わる専門家に衝撃的なインパクトを与えたと教わっていますが、われわれもそれぐらいインパクトを与える意気込みで始めたことも思い出しました。具体的な地域の空間を考えた時に、住宅地では例えばどんなことを語っているのでしょうか。

**秋山**　一例としてロンドンの郊外、ケンジントン（Kensington）地区に居住環境地域を提案しました。これは人々の良好な居住空間を「都市の部屋」という形で定義して、自動車が都市の部屋を通過しないための道路、地区の中のやや幹線的道路を「都市の廊下」としました。

また、通過交通を減らす方法として主要幹線道路、幹線道路、補助幹線道路、区画道路と道路を段階的に整備することを主張しました。ケンジントンでは、その具体例として一方通行とか車両進入禁止などを用いて、通過する自動車交通がなくなるように交通規制で居住環境を守りました。

**中村**　商業地域についてはいかがでしたか。

**秋山**　商業地域では、ロンドンから北東に150kmぐらい離れたノーウィッチ（Norwich）で実際に実践しました。具体的には商店街に歩行者専用道路を提案して、自動車はフリンジパーキングで受け止め、物流の荷扱いなど最小限の自動車のみ歩行者空間の通行が許されるようにしました。

**中村**　ありがとうございます。翻訳者の一人である太田先生のご指導を受けている髙見先生から、当時のことを思い出してブキャナンのことなどを少し語っていただければと思います。

**髙見**　これから自動車を都市の中に受け入れていかなければならないという時に、居住環境を守る視点から重要な提案をしたことがブキャナンレポートの画期的な点でした。翻って、冒頭で中村先生が説明された3つの時代背景の3つめ、情報通信技術を使った新しい交通サービスがすでに登場してきているし、いずれ自動運転の車両やサービスも普及してくるかもしれない。そうした中で、当時ブキャナン卿たちが取り組んだようなことに、今の世代のわれわれが改めて取り組まないといけない時代感がある。…といったことで、ブキャナンの名前を小委員会に付けたということでしたね。

**中村**　あの当時の社会風潮の中で自動車がまちを侵略してくる感じと、今スマホがわれわれの人生を侵略してくる感じは若干パラレルなところがあるのかなと思います。それではメンバー最年少の竹内先生、お願いします。

**竹内**　今の話と関連するかもしれないですけれども、自家用車の使い方という観点でブキャナンレポートがありましたが、当時の問題と現在の問題は異なっています。当時は都市での自家用車をどう賢く使っていくかということでしたが、現在では下手をすると自動車がないと移動できないといったことにまで焦点を当てなければいけないと意識することが重要とみております。そういう時にどうやって都市を組み立てていくのか、もしくは再構築していくのかの中で、交通というよりモビリティという観点で何を考えていくのかなというところが新ブキャナンの趣旨と理解いたしました。

**中村**　続いて、交通計画の実務で長年にわたりご活躍されている菅原さんからも一言いただければと思います。

**菅原**　私も大学でこのブキャナンレポートはゼミで読み解く機会がありまし

た。印象的だったのは、フリンジパーキング等の駐車機能にまで言及していた点です。一方で、人が移動するための仕組みとしてピープルムーバーのように新しいものも提案していて、全体を俯瞰しているレポートという印象があります。

**中村**　ありがとうございました。改めて、秋山先生、大体そういう理解で良かったでしょうか。

**秋山**　よろしいと思います。特に1970年代は、信号さえ守れば自動車はわが物顔で走っていたという印象があります。ブキャナンの考え方が入って、自動車をいかに抑制して歩行者を安全にするか、そして地域の静穏化を求める動きにつながっていきました。

**中村**　ありがとうございました。ご紹介ありましたように、翻訳されたものは鹿島出版会から『都市の自動車交通』という名前で出版され、今は絶版ですが図書館にあります。「都市の」とは言うものの、秋山先生がおっしゃったように居住環境の中での自動車ということであって、都市をどう定義するかについてはまた別の話になると思われます。われわれの中では住宅地や商業地域の中で取り組んだというブキャナンの姿勢のところがスタートだったことが確認できたかと思います。

## 2　土木計画学研究委員会における小委員会立ち上げの経緯

**中村**　次に、そういうタイトルを付けた小委員会を立ち上げてきた経緯について秋山先生のほうからご説明いただいて、先ほどと同じ順序で幹事のメンバーからコメントを頂きたいと思います。

**秋山**　立ち上げに際して大きな問題と認識していたのは、日本の人口が2008年にピークになり、その後減少に転じてから既におよそ15年が経過して、人口減少と高齢化が待ったなしの状況であること。環境問題も極めて深刻であるということ。それから情報や新技術の変化への対応についても大きな問題であること。こういったさまざまな問題が同時に、複合的に起こってきているという点で、小委員会を立ち上げて検討していくことが、今回の主な狙いです。

**中村**　本書や座談会のタイトルにある「30年後」について、補足をお願いします。

**秋山**　計画を作る時には20年後を目標年次として立案することが一般的です。今回は、一般的な計画より少し長く、現実の延長として捉えられる期間で、しかしこれより長すぎると夢物語になってしまうので30年後としました。それと、30年後はわれわれが生きているか生きていないか分かりませんけども、次世代に残していく都市をどうつくっていくかという意味も込めて30年という数字を置いたわけです。

**中村**　ありがとうございました。ものすごく問題が深刻になっているということと、一方では変化が速いけれど、だからといって5年後、3年後のことばかり議論しているわけにはいかない。今の交通の世界ではわりと短期的なことの議論が多いように思います。それはそれで大事ですが、もう少し先を見据えていくというところが軽視されていることを危惧していたので、今の秋山先生のお話はとても心強かったところでございます。

　では、立ち上げからずっとご一緒いただいている幹事の方々にも一言ずつ頂きます。まず、髙見先生からお願いします。

**髙見**　一方では待ったなしの課題があり、もう一方では新しい技術は日進月歩で、想像もしなかった移動の技術やサービスが利用できるようになっているという状況の中で、ややもすれば都市や交通がそういう技術やサービスに飲み込まれかねない。われわれが目指すべき長期的なゴールを見据えた上で、短期的にどうすべきなのかを考えるのが、小委員会の目指すところの1つだったと捉えています。

**秋山**　言葉を変えて言うと、多様な不確実なデータの中で、それをある程度方向性を定めて科学的に議論していくのが、われわれが30年後の計画を議論する重要な意味です。

**中村**　科学的にというのはすごく難しいと思いますが、われわれの基本ですよね。では、次に若手代表の竹内先生、お願いします。

**竹内**　特に最近気になっていることとして、新しい情報技術が注目される一方で、それを交通やモビリティ、もしくは都市という中でどう使いこなしていくかがなかなか見えてこないことがあります。新しいものが出ては名前だけ先行してしまうことと、逆にそれに引きずられて、そもそもわれわれが交通の立場で何をしなければいけないのかが見えてこないといったところを、こういう場で整理をしたいということがあります。

**中村**　竹内先生は2004年に博士をお取りになったのですね。その論文はオンデマンド交通の話で、理論から課題まで一通り整理されていました。今やたら巷で使われているAIオンデマンドも、その当時から根本的には何ら進歩してないように見えます。

**竹内**　それは仰せのとおりで、20世紀後半における初期のデマンド交通が普及しなかったのはそもそもICTがなかったからなのですけれど、ICTが出てきたからといって別に移動の速度が速くなるわけでも、SFみたいに空間をワープできるようになるわけでもありません。技術が発達したとしても、デマンド交通の本質は全く変わっていないということに対して関心が持たれないことに危機感を感じております。

**中村**　そこのところの課題がこの「30年」とつながりますよね。

**秋山**　多分、人々のモビリティをどこまで救済できるかという問題に科学的にアプローチして、こういう方法だったらここまでいけるよと、そういうところにデマンド交通がないということなのです。

**中村**　いろいろなミスマッチが世の中で起きていることも常々感じるところですね。では、次はより現場に即してということで、菅原さん、お願いします。

**菅原**　私は今までの議論の中で、「これからの交通計画を考える時に、変わっていくことと、それから変えちゃいけないものが基本的にある」という点が非常に重要だと思っています。変わっていくこととして社会的背景や情報通信技術の変化がありますが、人々の意識の変化ってどうなのだろうと考えてしまいます。ブキャナンレポートは1963年に発表され既に60年経っていて、これから30年先というとおおむね1世紀先の交通計画を議論しているわけです。これからのAI・ロボット革命という時代に人間の価値観はどういうふうに変わっていくのかというあたりを、少し考えておく必要があるのではないかと思います。

**秋山**　人間の価値観の予測ということですね。

**菅原**　例えば2050年にこの新ブキャナンレポートを読んだ人が、「昔の人が考えたことだよね？」となるのか、できれば「自分たちの価値観が何であるかをある程度見据えているよね」としたいと思います。具体的なことはお話しできないのですけども、小委員会の中で常に気にしていた点です。

**中村**　小委員会が始まったころ確かにいろいろな議論をしました。ある程度普遍的なことを言いたいという議論と、先々変わっていくところを踏まえておきたいという議論。菅原さんのおっしゃったようなところは、気になっている点のひとつと思います。秋山先生、まとめていただけると助かります。

**秋山**　科学的に30年後を予測すると、さまざまな変化があり、例えば科学や技術の変化、人間の変化、地域の変化、その変化をどういう形でわれわれは捉えていくか、つまり変化を理解し、どのような対策が良いのかを読み解くことが30年後にとって重要な視点だと思います。

**中村**　ありがとうございました。以上、紹介いただいたような思いの下で小委員会を立ち上げて現在に至っています。この間、セミナー、勉強会等を精力的に開催し、2023年度は2日間に分けたセミナーを東京でやりました。この流れを踏まえ、ここからは、冒頭に紹介した3つのテーマを1つずつ議論していきます。

## 3　人口減少と高齢化で何が起きるのか？

**中村**　最初は人口減少と高齢化に関わる話題です。高齢者・障害者の交通という分野で長年第一人者でいらっしゃる秋山先生から、人口減少・高齢化で何が起きるのかの問題提起をお願いします。

**秋山**　まず、人口減少がどういう状況かを申し上げたいと思います。つい最近（2024年6月）、東京都の合計特殊出生率が0.99との報告がありました。人口減少の原因は合計特殊出生率、つまり女性1人が出産する子どもの数が2.07ないといけないところ、現在は1.26です。人口減少しないためには人口置換水準である2.07人以上でなくてはならないところ、30年後の推計値は1.64です。つまり2020年に1億2,615万人いるところ、2050年には1億192万人に減少するということで、人口が約2割減ります。では2割減ると何がどう変わるのかというところを、次にお話ししたいと思います。

　第一の課題は、地方都市の高齢化です。地方都市・過疎地域の人口減少と高齢化の影響です。全国平均で2割の人口減少ですけれども、3割以上減少する県が11県あって、中でも秋田県は42%減少、青森県は39%減少というぐらい、地方では大きく減ります。これほど激しく減少すると、公共交通が存在しきれない可能性があると思います。

第二の課題は、都市の高齢化です。大都市東京の人口は2020年に1,385万人で2050年には1,274万人と、30年間で8%のやや少ない減少です。しかし、高齢化率は相変わらず3割を超えており、高齢人口も419万と推計されていて、絶対数が多い。一人暮らしや高齢世帯が多いことから、認知症やフレイルの高齢者がスーパー、病院、レストランなど地域のいたるところで活動していることになるだろうと思います。特に東京圏では、400万人を超える大量の高齢者の生活を維持する施設づくり。商業・医療・介護・娯楽施設などと、それに付随するモビリティと交通安全の新しい方向性を考える必要性が出てきます。

第三の課題は、人口減少と高齢化に対してどのような交通手段を準備するかです。破綻するまではいかないにせよ、かなり高齢者の生活にいろいろな困りごと(病院に行けない、買い物に行けない等)が発生し、行政サービスもそこまで対応できない等の現象が起こる可能性が高い。こうした問題に対応できる今までにない交通手段(例えば80歳以上は、都市内の鉄道やバス、タクシーの無料化、買い物した荷物の配達の無料化)を準備すること。このままでは地方の交通はもちろんのこと、大都市郊外の居住地の高齢者を中心とする交通貧困解消にも、大きな打撃を与えると考えられます。その前に新しいモビリティと交通をつくり上げることを期待したいところです。

**中村**　ありがとうございます。あえてお伺いしますが、高齢化・人口減少という話は、問題がより深刻になったという理解でよいのか、われわれがなにも対応していなかったのか、いかがでしょうか?

**秋山**　われわれ交通側はあまりやってこなかった。しかし福祉側はものすごく頑張って地域包括ケアを作ったりしていて、福祉系がやっていることと交通系がやっていることは月とすっぽんの差がある。欧米の多くの国はで交通分野が法律を作って移動制約者の足の確保を公的資金で実施していますが、日本の交通にはそれがない。ここを両方で頑張っていくという仕組みをこれからつくるのが地域だろうと思います。

**中村**　もう一点確認したいのですが、この課題に関連して、大都市と地方の違いをどのように理解すればよろしいでしょうか？

**秋山**　まず大都市の深刻さと地方都市の深刻さの水準が違うことを前提でいきますと、地方は本当に困り切っているという状況がある。それでデマンド交通で対応したり、いろいろ手当てを打っています。

**中村**　特に都市交通の計画論に長年取り組んでいらっしゃる高見先生のほうから、追加的なコメントがあればお願いいたします。

**髙見**　大都市圏の特に郊外部で高齢者の絶対的な人数が増えて、その高齢の方々の暮らしをどう支えるかも重要ではあるものの、しかしながら生産年齢人口や若い人たちの数が減ってきている方が大問題です。若者や現役層の人的リソースを浪費しないようにといいますか、移動のサービスやその他のデジタルサービス、技術をさまざまに活用するように都市や社会のありようをつくり変えていくことも必要でしょうね。やはり国や社会というのは若い人たちのためのものですので。

**中村**　ありがとうございました。若い人たちは、今おっしゃった意味と納税者の意味とが当然あると思います。一方で、高齢者の方々の社会や生産活動への関わり方の前提が変わるかもしれません。

高齢者にかかる費用という面では、以前秋山先生がどこかでお話しされていたと思うのですが、日本は社会的入院（care）と治療の入院（cure）で入院期間が長いのに対し、欧米は治療の入院が主で、短いようです。日本の入院や医療の制度を変えていくことで、必要とする税収を少なくすることもできそうです。その全体のお金の回し方を見ながら、高見先生がおっしゃったように地域を支えているメインの方々がちゃんと活動できて、その人たちもちゃんと納めた分享受もできてと。その全体像の中を見ていく必要があると思います。

一方で秋山先生がおっしゃるように、政策セクション的には福祉と交通がすごく乖離しているのが大都市で、ボリュームが増えてくることによりそれが露呈してしまっている、大枠はそんなところだろうと、今お2人の話を聞いて思いました。

話題の中で何回かデマンド交通が出てきていますけれども、実際の移動のサービスの在り方については大都市でも地方でも課題が露呈しているようです。そこを踏まえて竹内先生にお願いします。

**竹内**　やはり地方都市や過疎地域で人口が減っていくからといっても、それをまずどういうふうに捉えていくのかといったことが気になっています。

オーストリアのオストチロルの事例では、人口が減少傾向にある中で、地域をどうやって支えていくか、その中で、ただ人が住むだけでなく、まず若い人に残ってもらうためにどうすればいいのかを考えています。そのためには、産業や地産地消といったことを意識していく中で、結局その地域が自立することを考えていかないといけなくて、その中でモビリティの問題も1つ入ってくるということになっています。

モビリティの問題で面白かったのが、日本と正直なところあまり変わらない部分もあるのですが、必要なところにデマンド交通を入れて、それで足りないところにはボランティア輸送（日本での交通空白地有償運送）といったように役割分担をやっています。ボランティア輸送は高齢者の自立した移動を支えるメリットもあります。やはり、先ほど中村先生がおっしゃったあたりを踏まえると、日本だと「取りあえずデマンド交通入れましょう」といった感じのまま20年くらい変わっていないです。一時期海外の仕事しかしておらず、国内の現場を離れていたのですが、5年ぶりぐらいに国内の現場を見た時に、何か全く状況が変わらず、新しい考え方ができていなかったのがすごく今課題だと感じています。

また、これは時間の関係もあるし、難しい部分もあるのですけど、都市郊外をどうしていくのかという問題があります。一時期ニュータウンなどに居住地が広がった後一気に高齢化が進んで、交通のインフラ面は不十分だから、今後支えづらいところが出てくる。それに対して、単にデマンド交通を導入するのではなくて、新しいモビリティができるのか、あるいは既存のものの工夫で何ができるのかということを考える必要があるかなと考えております。

**中村**　途中でおっしゃった自家用有償の話、ある方が調べてくれて、日本中で、過疎地で自家用有償として登録している台数を全部足すと4,500台ぐらい既にあるのです。結構徳島が多いとかいろいろ面白いのですけれども。既にやっているものはいろいろある一方で進歩してないところもあるということなのですね。

本当に若い人に来てもらうために何が必要で、実際何ができているかという例は、日本でも全くないわけではない。ただ一方で安直にデマンド交通を入れようとする地域も多いということでしょうかね。

## 4　待ったなしの環境問題、脱炭素化に向けて

**中村**　それでは2つめの話題、環境問題について、高見先生に皮切りをお願いします。

**高見**　1章で室町先生が解説されたとおりですが、2015年のCOP21で採択されたパリ協定の中で、長期目標として、世界的な平均気温上昇を産業革命以前に比べて2℃より十分低く保つとともに、1.5℃に抑える努力を追求することがうたわれました。IPCCによると、この達成に向けて$CO_2$排出量を2030年までに2010年比で約45％削減し、2050年前後にはネットゼロにする必要があります。これを受けて2020年10月には当時の菅首相が2050年までにカーボンニュートラルを目指すと宣言し、わが国の政策における既定路線になっています。小委員会の主題である30年後ではない喫緊の課題として、化石燃料で走る自動車から電気自動車への移行や、車両単体のエネルギー効率の改善、それと交通の施策の外側になりますが電力のカーボンニュートラル化、排出された$CO_2$の吸収・回収の強化、といった方策の推進が求められています。

交通計画の側としても、エネルギー効率の高い移動方法の利用を促すことが重要であり、それを下支えする交通システムと都市の形をつくることが大事です。これは脱炭素のためだけではなくて、脱炭素を進める過程ではエネルギーを消費することに対してより多くのコストがかかる構造にしていかざるを得ず、生活のコストも上がることになりますので、人々の生活の利便、生活そのものを守る意味でもとても重要なことです。

もっと具体的に言うと、エネルギー効率の高い移動方法には、徒歩や自転車といったそもそもエネルギーを使わない交通手段、鉄道やバスといった乗合の交通手段が挙げられますし、クリーンな電力を使うことが前提になりますが、自動車でない電動の車両、シェアサイクルやキックボードといった交通手段も有益となり得ます。最後のは公共交通へのファーストワンマイル、ラストワン

マイルの交通手段として期待されるところもあります。後で少し議論があるとおり、走行空間をどうするかという現在進行形の問題も併せて解く必要がありますが。また、これらを下支えする都市の形とは、コンパクトシティ、公共交通指向型開発、近年ですと15分都市と言われるような形ですね。

**中村**　一点確認をしたいのですが、ただ電気になればいいというわけではなく、電気自体をカーボンニュートラルにしないといけないし、そのエネルギーを作るためのコストのことも考えないといけないということで、ライフサイクルコストの視点が必要というメッセージがこの行間にありますよね。

**高見**　おっしゃるとおりです。

**中村**　時々話が混乱するのですが、例えば、東京が暑いというのはヒートアイランド現象による部分がすごくあると思います。東京が暑いから「地球沸騰」とすぐに言ってしまうのは少し安直に思えるのですが、いかがですか？

**高見**　私もそんな気がしています。

**中村**　ありがとうございます。さて、課題としては15分都市等まで言っていただきましたけども、交通の分野で人々の行動が変わるべきだし、恐らくはプランナーの行動も変わるべきかもしれません。このあたりも含めて、秋山先生お願いします。

**秋山**　特にその対策において人々の交通における行動変容が不可欠ですが、これをどのような政策で実施してゆくか、市民レベルでは具体的になってないと思われます。例えば公共交通、電気自動車、徒歩や自転車等をどの程度使うかにより地球温暖化対策にどの程度役立つかなどがはっきり分からないことです。そうすると、自動車を電気自動車にするという政策が必ずしも正しいわけではないような感じがするのです。まずここをきちっとすることが必要と思います。

　さらに、個人ごとにできる環境対策と、社会政策としてできる環境対策がまだ不透明なので、ここをしっかりつくり上げていかないといけないのかなと思います。

**中村**　ありがとうございました。この地球温暖化の対策のために大規模な予算が投入されている一方で、年々激甚化している自然災害への対策は十分でない面があると思います。特に途上国・新興国での低所得・貧困層の人たちの被害がとても大きいと思います。海外での実務経験も多い竹内先生、このあたりのところ、いかがでしょうか？

**竹内**　例えばサブサハラ最大の都市であるナイジェリアのラゴスでは、通勤に2～3時間もかかるひどい状況で、環境以前に渋滞を何とかしなければという状況になっております。その中で、公共交通を使うメリットやインセンティブがあることも動機付けて、自動車の利用減少からの環境負荷低減といったところがあるとみています。

もう1つ、オーストリアに2回渡航した中で、ウィーンでは例えば自家用車の問題を考えるときに、歩行者や自転車、アクティブモビリティを活用するという方策があります。では、どのように自動車を使わないことを動機付けるかというと、例えば子どもの通学路に車が入ってくると危険だということをきっかけに考えていくと。彼らはそれを「プッシュ・アンド・プル」の施策であると言っていました。

やはり秋山先生の話を聞いて思ったのが、自家用車が$CO_2$を排出することは何となく漠然と分かっていても、自動車を使わないことの動機付けは、その置かれている状況によってかなり違うので、どうやっていくかを適宜考えることになります。

また、所得のセグメンテーションの観点でみると、ケニアのナイロビで驚いたのが、結構身なりのいいスーツの人も、比較的長距離歩いて帰宅している状況がみられました。そういう方々は結果的にアクティブモビリティを使わざるを得ないようなことになっております。そのような人たちに対しては、アクティブモビリティでせめて自転車にするべきとか、公共交通にすべきだと方針を立てて、将来の$CO_2$の削減を目標に、公共交通を活用して、環境負荷の低い公共交通を提供して使っていきましょうといった施策が必要になってくるので、本当にケース・バイ・ケースだと思います。

**中村**　途上国の大都市では自動車が急増するような傾向が強いですよね。

**竹内**　それに加えて、自動車利用者には渋滞が酷いという問題がありますが、自家用車を使えない人々はそれに加えて移動自体の課題も発生するということです。

**中村**　ありがとうございました。それでは菅原さん、お願いします。

**菅原**　30年も前ですが、自転車政策の先進都市としてオランダ、ドイツの視察のヒアリングで印象的だったのは、環境意識の高さが自転車政策とリンクしていたという点です。30年前は日本でも環境は重要なキーワードでしたが、技術者としてさほど敏感ではなかったのです。オランダは海抜0メートル以下の土地が多く、地球温暖化による急激な気候変動で雨量の増加や雨の降り方によって国土面積が減るという危機的な課題認識を持っていたわけです。それが自転車の普及につながっていたことは文献で見聞きはしていたものの、現地でのヒアリングで強くそれを感じました。

先ほど秋山先生から出た人の行動変容の話とか、高見先生から出た待ったなしの課題のように言葉としては表現されていても、自分事として考えられていなかったんです。やはり環境問題を自分事として捉えることが環境問題解決の中で最も重要なことなのではないかと思っています。

あと一点、環境問題を考えるときに内燃機関から電動化への移行は必須と考えていますが、最大のネックは充電に関するインフラ整備だと思います。これからの駐車施設の在り方が大きく変わってくるのではないかと思います。多様なモビリティが登場し、駐車行動がどう変わるかを想定するのは難しいですが、駐車場や駐車施設においては結構早い段階で手を付けておくべき問題であり、エネルギー・マネジメントの視点の一部として取り扱う必要があるのではないでしょうか。

**中村**　ありがとうございました。

## 5　情報技術・変化の速い交通をどう受け止めていくか

**中村**　では最後の話題、情報技術については最初に菅原さんから概略を説明いただければと思います。

**菅原**　情報技術と変化の速いモビリティ・サービスの2つのテーマについて意見を述べます。情報通信技術で疑問として投げかけたいのが、大量なデータの取り扱いについてです。現在はセンサー技術が進歩していて多様なデータが集まる時代です。例えばAというデータを収集することが目的にもかかわらず、おのずとBというデータも集まる仕組みというのが出来上がっているように、取り扱うデータの種類も量も増えています。モビリティに関する多様なデータがありますが、自分は研究者、プランナー、コンサルの立場として交通計画に反映できていないのだろうなと思います。その活用手法を研究するのが自分の役目であるとは思いますが、ここで問題提起させていただきました。

交通計画に40年近く関わってきた技術者にとって、携帯の普及で人の位置の情報を得られるようになったのは、とてつもなく大きな変化だと思っています。それが今はリアルタイムに処理することもできます。もちろん車についてはETCでより詳細な分析も可能です。この位置情報というのは交通の世界においてものすごく大きなインパクトであり、これをもっとシンプルに活用できるようにしたいと思っています。

その活用方法なのですけど、今までは多様なデータをプログラムで処理をして解析したり、物理モデルを構築して需要予測に応用してきました。これからは、現在のWeb1、2からWeb3という世界になって情報の共有の仕組みが大きく変わろうとしています。そこではブロックチェーンだとかNFT（Non-Fungible Token；代替不可能なトークン）、メタバースとかDAO（Decentralized Autonomous Organization；分散型自律組織）、いろんな新しい概念が出てきて、データの共有や管理の仕組みが全く違う次元で行われるようになってくるということです。今の若い人たちは、情報技術に関わる変化をごく自然に受け入れていますので、未来のプランナーとなった時、今われわれがやっている4段階推計等の物理モデルによる需要予測は滑稽に見えるのかもしれません。デジタルツインの世界ではデータの収集や近未来予測、長期予測等も常にシミュレートされリアルタイムに得られる時代になるのでしょう。こうなると想像が付かなくて、2045年に情報の世界で言われているシンギュラリティーという、AIが人間の能力を超える世界の交通計画ってどういうことなのだろう？ここは議論が必要なのかなと思います。

それからもう一つ、変化の速い交通という意味で、典型的な例ではCASE・MaaSが挙げられますが、電動キックボードもその一例でしょう。キックボードは古くから存在はしていて、そこに電気と情報通信技術を組み合わせたことで電動キックボードをシェアするサービスが誕生しました。

私自身、レンタサイクルの調査検討を経験し、その後、貸出や返却の地点を多地点で展開できるようにしたコミュニティサイクルという形に変えてきました。そこに電気や情報通信技術を加えることで電動のシェアサイクルという形に成長、普及してきました。同じモビリティでも、情報技術が加わることでシステムとして大きく成長していくわけです。

多様なモビリティが出てきたという背景には、情報通信技術があると思いますので、これから先もいろんなサービスが出てくるはずです。その時に気になるのは、将来的にも生き残っているものと、廃れていくものがあるかもしれないということです。その辺の想定も必要ではないかなと思います。残していくべきものは残しておくし、今概念としてあるMaaSが少し成長していって何かもっと別なものに、Beyond MaaSとか言われていますけど、それをさらに超えたMaaSに成長させていく必要があると思います。それが交通計画の中にどういうふうに取り入れられるのかというあたりを議論する必要があると考えています。

**中村**　ありがとうございました。さて、以下、各論としてMaaSの話題、ライドシェアの話題、電動キックボードの話題をそれぞれ取り上げようと思います。

## <MaaS>

**中村**　僕の理解では、最初にMaaSを立ち上げたフィンランドのサンポ・ヒエタネンさんの活動のきっかけは、ヘルシンキの郊外でのリビングラボの活動だったと思います。住民の課題の中で移動の課題にどうやって取り組むか、その時に、今でこそMaaSの議論をしている人たちは協調領域と競争領域という言い方をよくしますけれども、どこでいろんなサービスが競争するのか、それをどこで協調させるのか、それをインターフェースでどうするのかが論点でした。MaaSはモビリティ・アズ・ア・サービスだからマーズではなくマースと発音すべきなのとともに、「アズ・ア」の「ア」は不定冠詞であって、サービスとしてモビリティをまとめ束ねるという意味です。

ちなみに、ヘルシンキでは、サンポさんが束ねて始めたサービスに対して、その後ヘルシンキ交通局が似たものをつくり出し、そちらが台頭してしまい、サンポさんのほうはちょっと経営的なトラブルも幾つもあったようで、結局、立ち上げた会社も倒産に至ったようです。

大事なことは地域の中でいろんな移動を束ねて1つのサービスとして提供することで、自家用車の利用をいかに減らそうかという方向で関係者が全員合意していたら倒産しないはずなのです。ところが、ヘルシンキ交通局は、協調していなかったようです。

思うのは、地域全体でどうあるべきかという話と、それを民間がどこでやることが一番バランスいいのかという枠組みの議論といったあたりの整理が、かのヘルシンキでも決して完璧ではなかったのではないかなと思います。いろいろなご意見があるとは思います。

翻って日本では、民間の運輸事業者の多くは、囲い込み的なやり方をする。Beyond MaaSみたいに政策とつながる話はよいのですが、民間の運輸事業者間で競争する囲い込みの道具としてのMaaSになってしまっているように思います。

本来的には、ヨーロッパの歴史からいけば、自家用車を減らして地球温暖化の対策に貢献することがゴールでした。でも先ほど秋山先生にまとめていただいた話を踏まえて、車を使わなくても済む、特に高齢者のモビリティ確保をきちんとやっていく、そのためのサービスのためのプラットフォームとしてあるべきものだとすれば、そこに変な競争領域は決して入ってはいけないと思います。

また、隣り合ったA市とB町の間で似たようなものが異なるデザインのアプリになっていて、その間を行き来しようとすると両方のアプリを入れないと使えないとか、そんなばかなことがしょっちゅう起きています。これはやっぱりある程度は公が入り込んで、その上で民間が民間として頑張る場面はどこかという整理ができていないと思います。

そういう幾つかの課題が露呈して、未来はあるけれども丁寧に議論しないと単なる食い争いから限られたパイを取り合ってお互いに自滅していくような、そんなことがまだまだ起きてしまうような世界に見えます。

およそ14～15年前に、千葉県柏市の柏の葉キャンパス駅地区の交通戦略作成をお手伝いした際に、マルチモーダルコンシェルジュという仕掛けを提案しました。地区のすべての交通サービスを束ねる提案で、MaaSとは違わないように思います。この提案は全然オリジナルなアイデアでも何でもなく、昔から自分の上の世代の先生方がマルチモーダルという言葉で示されていたことであって、それをかみ砕いて言っただけの話です。案外と、昔から言ってきたことはそれほど変わらないのに、表現が変わり、技術も変化しているように思います。そこで、一歩間違えると技術に振り回されてしまうのが心配ごとの1つです。

## <ライドシェア>

**秋山**　日本で乗客を有償で運ぶのは二種免許を持つタクシードライバーにこれまで（2024年3月まで）は限られていました。そういう状況で2009年に、スマホのアプリを用いて人と自家用車のドライバーをマッチングして移動の足を提供するサービスを、米国Uber Technologies社が始めました。その普及の状況は、2023年11月には世界の70か国、10,000都市以上でサービスを提供し、日本（東京）にも2013年11月に進出している。

機能はタクシーとほぼ同じということですけれども、大きな点は、1つがキャッシュレスの決済が原則で、事前に金額とルートを決めて支払います。2つめに、需給の状況で値段が変わるダイナミックプライシングもあると。3つめが、客と運転手が相互に評価をして運転手の危険運転や乗客のカスハラ（横暴）を排除する仕組みもあると。現在は米国、東南アジア、欧州など広く普及して、利用の運賃はおおむねタクシーの6～7割程度支払っているという現状があります。

これが一般的なところで、日本ではどうなのかというと、3種類ありました。1つは割り勘型交通のnottecoです。これは長距離の稚内まで行く30kmぐらいのところを乗客を集めて相乗りサービスをするもの。2つめが、例えば東京でUberがやっていたタクシー型のタイプ。そして3つめが京丹後や中頓別でやっている例で、ボランティアで運行操業するものです。京丹後は運賃をタクシーの2分の1収受しますので道路運送法79条で、中頓別はそういった法律の外側（無料、1年を経てガソリン代実費）でやっていたというのが日本の状況です。

そしてライドシェアの社会的意味は、日本全国に61,979千台（2024年3月）

の車があって、そのうち稼働率は4.5%とすると、空いている車が58,570千台。たった5%しか動いてないということで、残りの95%の車両を社会資本とみなしてその有効活用ということです。それから時間の空いている人もドライバーとして登録しておけば車とドライバーを両方活用できるという、ある意味で社会資本の有効利用、地域住民のソーシャルキャピタルの活用と新しい働き方の創出をして人々の送迎をするというやり方だろうと思います。

これがむしろタクシーより安くできるよということになって、タクシー業界はこぞって反対をしています。しかし現在はタクシーがやればいいんじゃないかっていう議論の中にあって、タクシーがライドシェアをやり始めているという段階まで来ました。それがどちらのほうに行くかは別として、新しい流れが日本にもスタートをし始めましたねっていうのが現在の状況です。これについて細かい評価はしません。

**中村**　ありがとうございました。このライドシェアという単語は決して新しくはなく、恩師の太田先生から学生時代に教わったように思います。カープール、バンプール、ライドシェア等の定義を教わっていました。通勤のとき自家用車に複数人乗るというのが政策目標で、そのことを中心的な題材にしていたHigh-Occupancy Vehicleの学会というのもありました。二人乗り以上の車両が通行できる車線もあちこちにありました。

**秋山**　HOVレーンというのですよね。

**中村**　そうです。その時代のアメリカでは、今のようなスマホでのマッチングやキャッシュレス決済の技術はないけど、自家用車を使うことの問題については、一通り議論されていたように思います。政策論的な部分は案外と変わってないのではないかなと思うところです。そう思うと、われわれは実は結構昔からいろんな議論をずっとやっていたのだと思います。

**秋山**　やっていますよね。

**竹内**　ちょっと言い過ぎかもしれませんけれども、ライドシェアに関連して気になるのが、日本でも近所の助け合いやインフォーマルな形での自家用車の活用は、表に出てはこないものの実施されている地域もそれなりにあります。そこに着目せずに、ライドシェアということだけ切り出して、新しいUberのイメージで受け取られてしまったりすると、特に地方の問題は解決しなくなってしまうと。どんな交通手段、どんな選択肢があって、どれが使えそうなのかを、状況を見ながら考えていくことは絶対必要なのだと感じています。

**中村**　ありがとうございました。

## <電動キックボード>

**高見**　電動キックボード、海外ではeスクーターという名前で展開をしていたものを日本でどう受け入れるか、有識者検討会の検討を踏まえて2023年7月の道路交通法の改正で新たな位置付けが定められました。最高時速20km/h以下、車両の左端を通行することが原則で、歩道を走ることができない「特定小型原動機付自転車」と、最高時速6km/h以下で歩行者を妨げなければ歩道も通行できる「特例特定小型原動機付自転車」です。どちらも運転免許は不要、ヘルメットは努力義務と、自転車と同じ扱いに整理されています。

同様の、マイクロモビリティに分類される新たな移動手段は今後も登場する可能性があります。その利用者にとって移動の利便性が高まる場面があることは間違いがないし、先ほどもありましたように脱炭素化に向けて期待される面もあります。ただ、それを都市空間に受け入れるにあたっては、安全が大原則ということを改めて確認し、この大原則との両立を図ること、両立を図るための方策を追求することが、30年先と言わず常に求められていることです。

とりわけ歩道上では歩行者の安全が最優先のはずで、歩道上を走行させることが適切なのか、かつて自転車の歩道走行を認めた結果どうなったかという過去に学ぶことも必要だろうと思います。一方で、適切な走行空間がないことも問題であり、中速モードの走行空間を道路上にきちんと位置付けて確保することも重要と言えるでしょう。近未来にライドヘイリングや自動運転サービスの登場・普及が見込まれる中、カーブサイドレーン（路肩空間）の需要も変化するはずで、それとあわせて中速モードの走行空間を具体的にどう入れるか、交通空間全体としてどうデザインし運用するかの検討も重要と思っているところです。

**中村**　ありがとうございました。電動キックボードについては、道路運送車両法関連、道路交通法関連の議論が進んだわりに、道路法、道路構造令に関連する議論が足りないように、僕も思っています。

**中村**　ということで、具体的な例としてMaaS、ライドシェア、電動キックボードのお話をしましたが、最初の菅原さんの問題提起まで戻ってみると、情報技術が今回の小委員会の大きな切り口でした。それに対してのコメントを一言ずつ頂いて終わろうと思います。

**秋山**　情報技術がこんなに出てくるとは思わなかったということと、今までの交通計画の考え方で切れる部分、計画できる部分と計画できない部分をどう調整していくかが大きな課題というふうに思います。

C.ブキャナンの、居住地の安全と居住者が快適に住めるということと自動車をできるだけ排除していくっていうところを、こういうMaaSが出てきたりライドシェアが出てきたり電動キックボードが出てきたりするところはある程度できると思うのですが、それ以外の部分がどういう形で変化していくかが見えていないので、新しい課題に対してどう対応していくか、プランナーとして難しい要求をされる時代に入ったなという認識をしています。

**髙見**　交通計画は、短期的に運用を最適化するような側面と、中長期的に都市がどういう交通インフラを持つのかという側面の両方に取り組む分野です。取り扱うデータ量が急増するとかAIが最適化してくれるとかいうのは比較的短期のほうの話であって、それとは違うものとして、中長期のことを予測し、計画を検討して意思決定する技術はこれからも求められ続けるだろうというのがまず1つ。

もう1つ、短期の話で今日は話題に出てきていないと思うのですけども、道路にセンサーを埋めておいてカーブサイドの空間がどう使われているかをモニタリングしたり、車両などの位置情報に応じて柔軟に課金したりすることも技術的には可能になっている。電動の交通手段が普及してくると道路利用に課金することは必要となり得るし、カーブサイドの柔軟な使用を促すのに課金のメカニズムを使うことも考えられるだろうし、情報技術の活用の可能性はそういった面でも大きいと思っています。

**竹内**　MaaSをどう捉えるかは、結局その前提となるデータや運賃がどの程度統合されているのかといった前提条件によって、すごく状況が変わります。日本でしたら、駅すぱあとやNAVITIMEなどの経路検索とPASMOやSuicaなどの交通系ICを合わせたものであるかといえば、そうではではなくアプリ活用といったICTによるモビリティ全体の統合といった意見もあります。それは確かに前提が違うといえばそうなのですが、デンマークのコペンハーゲンを見ていると、自転車等が含まれるかどうかの違いはあるものの、まさに前者の組み立て方で、モビリティの統合を進めていこうとしておりました。

ただ日本の場合は、ベースとなる経路情報について、特に道路と公共交通、また公共交通も各社で結構ばらばらになっているので、アプリで頑張って統合することは一定程度できるけど、それ以上はまだできてないのではないかなということがあり、その前提のところをどのように考えるのかを併せて議論していきたいというところです。

**菅原**　私が最後にお話ししたかったのは、ほぼ高見先生と同じ内容です。デジタルツインで常にシミュレートされるお話を冒頭でしましたけれども、それの短期のアプローチというのは、マネジメントに生かすということだと思いますし、長期の視点では計画にも生かすという両面性があると思います。

高見先生のご意見で課金という言葉が出ていましたけれども、そのような課金ができれば、車椅子用の駐車ますに無断で止めている人がいる場合には課金するとかもありだと思います。それ罰金だろって話ありますけど、言いたいのは結構当たり前のことができる世界に変わるのかなという、それを目指したいなというのが一点めです。

あともう一点、既に交通管制システムがあって、情報を集めて安全対策や渋滞対策、維持管理等に活かされていますけれども、それをもっと狭い生活空間や生活道路の中で展開したいと考えています。駅前広場の他にモビリティハブが増えてきて、カーブサイドと一緒にマネジメントをする技術が今できつつあると思っています。このような技術を新ブキャナンの中ではどう位置付けるかについては少し触れられるといいなと思います。

**中村**　ありがとうございました。では秋山先生、まとめてください。

**秋山**　人々の活動とそれの受け皿である都市空間、ここに新たな情報技術の問題が入り込んできて、ではこれからわれわれ都市をどういうふうに考えていったらいいかっていう時に、制度や政策や計画をどのように作り上げていけばいいのかが非常に難しくなったなという、そういう印象を感じています。

**中村**　ありがとうございました。最後にまとめとして、一言ずつ頂いた上で秋山先生に締めていただくという流れにしたいと思います。では竹内先生からにしましょう。

**竹内**　交通をどう扱っていくかを議論するときに、過去からの取り組みを含めて状況整理ができていないと、過去同じ議論をしていたことをテーマやキーワードを変えて行っているようなことがあるのではないかと気にしております。役所での予算取りを考えると、新しいキーワードを使うというのは有効な部分もあるとしても、この整理が多分足りないのではないかといったところと、今われわれがどこに向かっているのかを見極めて、新しいものと古いものをキチンと並列に見てくことが必要かなと思いました。

**中村**　髙見先生、お願いします。

**髙見**　太田勝敏先生の『交通システム計画』の教科書に、分析をして計画を立案するプロセスと社会的な意思決定のプロセスは別個の、並列するものとして扱うのだと書かれています。その観点からすると、分析は、と言いますか交通計画分野の学術はと言ってもいいかもしれませんけれども、良い意思決定を促すことのために存在していると思います。さまざまな重たい課題があるのと同時に、情報通信技術や変化の速い交通について先がよく読めないところがある中で、より良い意思決定をいかに促すことができるのか、結論はなかなか出ませんが、考えるいい機会だったなと思っています。ありがとうございました。

**中村**　素晴らしいコメントですね、ありがとうございました。菅原さん、お願いします。

**菅原**　この新ブキャナンの議論に参加させていただいて感じたのは、モビリティ、移動の重要性を再認識できたということです。例えば仏国の交通憲章・移動権などの概念は文献等から知ってはいましたが、自分が暮らす首都圏で交通行動をしている時には、そういうところはあまり意識することがありませんでした。それは大変恵まれていることであり、全国的にみれば移動に関する問題を抱えている地域は多々存在しています。新ブキャナンレポートは現在の交通問題の解決マニュアルにするのではなく、移動がどれだけ大事なことなのかを理解し、将来の交通計画によって自分たちの暮らしを変えられるのか、大袈裟に言えば地域の人々の人生にどれだけの影響を及ぼすのかを読み手に伝えることができれば良いのではないかと思いました。

**中村**　ありがとうございました。最後に秋山先生お願いします。

# 6　まとめ

**秋山**　やはり30年後の交通をどのように考えるかという時に、人口が変化するということ、環境問題がひっ迫するということ、そして情報が新たに多様な展開をしていること。これを前提に都市と交通がどのように変わるべきかを示すことについて、われわれとしては一定の役割を持つべきであると今回は認識しました。

### 1. 交通以外の深刻な課題を解決する

①　人口減少・高齢化・少子化などの人口変動問題が地域に与える影響を少なくするための都市をコンパクトにするなどマクロ的な対策から高齢者の介護や子供を育てる環境づくりなど一人一人の課題を含めきめ細かく考慮した地域づくりを行うこと。

②　地球温暖化に対して自動車交通の影響（$CO_2$など）を少なくする多様な戦略を環境問題から解いてゆくプロセスと、環境負荷を少なくするために人々が何をどのようにすればよいか具体的対策を共有することである。

### 2. 交通の計画における技術問題を解決する

①　MaaSや自動運転などの情報技術

我が国のMaaSはスマートフォンを用いて交通手段やルートを検索、運賃を決定し、需要に応じて利用できる移動サービスに統合する役割がまだ必ずしも十分ではない。これは技術の問題より民間会社間の連携をどうするかが大きな課題である。

②　自動運転

人が行う運転は認知・判断・制御を伴い、自動運転は認知をデジタル地図により判断・制御をAIなどを用いて行う。現在は人の介入が必要なレベル1・2・

3が中心であるが、人の介入が必要ないレベル4・5がテストの段階にある。

③　電動二輪車とシェアリング

電動二輪車などのステーションが各地にみられ、徒歩と公共交通の間のラストワンマイルを埋める形で普及している。今後こうしたシェアリングシステムが地域空間での果たすべき役割がどのようになるか課題である。

### 3. 交通における制度・計画を改変する

①　民間から公共へ　我が国の公共交通は欧米と比較すると公共の介入が少なく、民間に依存する状況が何十年も続き、特に自治体などをベースとする都市交通・地域交通が儲かるか否かを基準で運行しているため極めて脆弱になっている。交通サービスは人の生活･生存を支えるサービスであり、この点からも行政の責任へと舵を切る必要がある。

②　交通の計画技術であるが1960年代の4段階推定法や1980年代の非集計モデルなどをベースに考えてきた。今後ビッグデータやスマホのデータなどが出現し、今後どのように計画技術として考えるべきか、新たな方法を考える必要がある。

③　運輸連合のように事業者間の連携強化を図る　一元化された賃率のもとでの共通運賃制度の運用、および相互に連携した路線やダイヤの構築を実現する。ただし、法的に独立し、かつ専属の人員と自主財源を有する事業体が、みずからの責任のもとでこの任務の遂行にあたる。

**中村**　ありがとうございました。では以上をもちまして座談会を閉じたいと思います。ご協力いただきました皆さまに感謝いたします、ありがとうございました。

**一同**　ありがとうございました。

（2024年6月12日実施）

# 執筆者の紹介

## （所属・執筆分担）

2025年3月1日現在

秋山　哲男（中央大学研究開発機構 機構教授）1.1, 1.4, 3.4, 5.1, 5.2, 5.3, 5.5, 6

中村　文彦（東京大学大学院新領域創成科学研究科サステイナブル社会デザインセンター 特任教授）2.1（2）, 2.2, 6

髙見　淳史（東京大学大学院工学系研究科都市工学専攻 准教授）1.3, 1.4, 2.3, 6

竹内　龍介（中央大学研究開発機構　機構准教授）3.1, 4.2, 6

菅原　宏明（八千代エンジニヤリング㈱　技術創発研究所）4.4, 6

室町　泰徳（東京科学大学環境・社会理工学院土木・環境工学系教授）1.2, 1.4

大森　宣暁（宇都宮大学地域デザイン科学部 社会基盤デザイン学科 教授）2.1（1）

有吉　　亮（名古屋大学未来社会創造機構モビリティ社会研究所 社会的価値研究部門 特任准教授）3.2

吉田　　樹（福島大学経済経営学類 教授、前橋工科大学学術研究院 特任教授（クロスアポイントメント））3.3

藤田　光宏（八千代エンジニヤリング㈱ 事業統括本部 国内事業部 道路・交通部 技術第一課）3.4

神谷　大介（琉球大学工学部 工学科 社会基盤デザインコース 准教授）（併任：併任：島嶼防災研究センター，工学部附属地域創生研究センター社会システム研究部門長）3.5

吉田　長裕（大阪公立大学大学院工学研究科 都市系専攻 准教授）4.1

猪井　博登（富山大学学術研究都市デザイン学系准教授）4.3

平沢　隆之（高知大学医学部　客員講師）4.5

小路　泰広（特定非営利活動法人自転車活用推進研究会 事務局次長 自転車通行空間アドバイザー 長岡技術科学大学非常勤講師）4.6

鈴木　克典（北星学園大学 経済学部 経営情報学科 教授）5.4

# 付録

# 土木計画学研究委員会研究小委員会「新しいモビリティサービスやモビリティツールの展開を前提とした交通計画論の包括的研究小委員会」—仮称：新ブキャナンの活動—

## 付録Ⅰ．2020年度～2021年度の勉強会

ここでは主として小委員会のメンバーが40分程度お話しいただいて30分程度議論する形式で行った。

| No | 講演者氏名 | 所属（講演当時） | テーマ |
|---|---|---|---|
| 1 | 秋山　哲男 | 中央大学 | フィンランド・エストニア・オーストリアのMaasと交通計画 |
| 2 | 中村　文彦 | 東京大学 | 都市交通の方向と新しい技術—MaaSと関連させて |
| 3 | 菅原　宏明 | 八千代エンジニヤリング㈱ | 社会背景の変化を踏まえた交通計画策定における建設コンサルタントの役割 |
| 4 | 髙見　淳史 | 東京大学 | 転換期の都市交通計画（と本小委員会） |
| 5 | 大森　宣暁 | 宇都宮大学 | ポストコロナ時代に改めて移動（外出）の意味を考える |
| 6 | 牧村　和彦 | （一財）計量計画研究所 | CASE時代の都市デザイン |
| 7 | 吉田　　樹 | 福島大学 | 次世代モビリティは地方都市になじむのか？ |

| No | 講演者氏名 | 所属（講演当時） | テーマ |
|---|---|---|---|
| 8 | 伊藤　昌毅 | 東京大学 | 公共交通オープンデータ整備・活用の最新状況と新しいモビリティサービスへのインパクト |
| 9 | 喜多　秀行 | 前神戸大学 | 地域公共交通のこれから―交通計画はどこまで人を見てきたか |
| 10 | 宇都宮浄人 | 関西大学 | 地域公共交通の統合的政策を実現するために |
| 11 | 高橋　愛典 | 近畿大学 | 買い物弱者問題と地域公共交通 |
| 12 | 小路　康広 | 大日本コンサルタント | 新たな交通計画に向けての個人的妄想 |
| 13 | 宮崎　耕輔 | 香川高等専門学校 | 子供の移動自由性についてChildren Independent Mobility |
| 14 | 猪井　博登 | 富山大学 | 交通計画論についての考察 |
| 15 | 土井　健司 | 大阪大学 | 次世代モビリティの社会実装に向けた課題 ～トポロジーからブレイクスルーを構想する意味とMaaS新時代の交通政策への示唆 |
| 16 | 越塚　　登 | 東京大学 | 情報とデータ駆動型社会に向けて |

## 付録Ⅱ．2022年度のセミナー

ここでは北海道において、高齢社会の交通問題（Ⅱ－1）とバリアフリーの交通問題（Ⅱ－2）について2日間のセミナーとした。

### Ⅱ－1　高齢社会と未来の交通

#### 1．高齢者社会の交通とバス・タクシーの行方

1．高齢社会と交通

鎌田　　実（一般財団法人日本自動車研究所 所長、東京大学名誉教授）

2．地方のバス・タクシーが生き残るための工夫

吉田　　樹（福島大学 経済経営学類准教授）

3．北海道の地域交通の現状と課題

有村　幹治（室蘭工業大学大学院 教授）

２．未来の交通と福祉交通を探る

４．未来の都市交通の論点

中村　文彦（東京大学 大学院新領域創成科学研究科 特任教授）

５．福祉交通と一般交通の役割分担

秋山　哲男（中央大学 研究開発機構教授）

６．札幌市バリアフリー基本構想2022から読み解く現状と課題

石田　眞二（北海道科学大学 副学長）

## Ⅱ－２　北海道のバリアフリーと交通における新しい方向性

### １．交通におけるユニバーサルデザイン

１．国土交通省のバリアフリー政策について

田中　賢二（国土交通省 総合政策局バリアフリー政策課長）

２．北海道におけるバリアフリーの状況と重要性

松本　憲一（北海道運輸局交通政策部バリアフリー推進課長）

３．札幌市における今後の交通の方向性

宮﨑　貴雄（札幌市まちづくり政策局 総合交通計画部長）

４．札幌市営地下鉄の専用席の評価

土橋　喜人（宇都宮大学客員教授）

５．最近のユニバーサルデザインの動き

秋山　哲男（中央大学研究開発機構教授）

### ２．人口減少下における地域生活と交通

６．北海道の人口減少と高齢化の現状

大井　元揮（北海道開発技術センター調査研究部 上席研究員）

７．人口減少の中での交通事業者の生き残り戦略（解決策）

野村　文吾（十勝バス株式会社 代表取締役）

８．移動手段と冬期外出実態（雪道での歩行者転倒を含む）

竹口　祐二（北海道開発技術センター）

９．デマンド・有償運送・タクシー系の事例（解決策）

吉田　　樹（福島大学経済経営学類　准教授）

## 付録Ⅲ．30年先に今の交通は何が変わるのか？

交通政策・交通計画の様々な課題と将来展望、地域課題と新しい交通マネジメントの提案、情報と人の安全の交通、モビリティの在り方、環境への対応、国土交通省における交通計画・政策について議論した2日間のセミナーである。

### PART Ⅰ　セミナーのプログラム

1．はじめに：小委員会の取り組みと交通政策・交通計画の課題

　　秋山　哲男（中央大学研究開発機構）

2．交通政策・交通計画の様々な課題

　2.1　住民参加：交通計画・計画技術における住民参加と情報技術等

　　猪井　博登（富山大学）

　2.2　パーソナルな交通手段のシェアリングと多様な人の利用形態

　　吉田　長裕（大阪公立大学）

　2.3　バス・デマンド交通などの小規模公共交通の計画

　　竹内　龍介（中央大学研究開発機構）

3．地域課題＋新しい交通マネジメントの提案

　3.1　観光：沖縄のツーリズム戦略とインフラと公共共通

　　神谷　大介（琉球大学）

　3.2　大都市郊外：大都市郊外の都市形成と交通計画

　　有吉　　亮（名古屋大学）

　3.3　過疎地域・人口低密度地域：人口低密度地域の交通計画の在り方

　　吉田　　樹（福島大学）

　3.4　人口低密度地域の交通事業者協同運行の可能性を求めて

　―日南町を例に―

　　藤田　光宏（八千代エンジニヤリング㈱）

　　秋山　哲男（中央大学研究開発機構）

4．情報と人の安全の交通

　4.1　自動運転情報技術による外部不経済の内部化と安全運転向上

　　小路　泰広（中央復建コンサルタンツ㈱）

　4.2　情報技術を導入した交通計画

キャンパスMaaSの実証的研究を通して

菅原　宏明（八千代エンジニヤリング㈱）

4.3　視覚障害者のモビリティと安全

稲垣　具志（東京都市大学）

## PART Ⅱ　セミナーのプログラム

1．はじめに　30年先を見据えた、交通計画がどの様な方向

移動と交通計画への問い？

中村　文彦（東京大学）

2．交通計画の考え方と将来展望

2.1　30年後の交通計画のために今何をしなければならないか？

中村　文彦（東京大学）

2.2　人はなぜ移動するのか？

大森　宣暁（宇都宮大学）

3．情報を含むモビリティの在り方？

3.1　モビリティ新時代の都市交通計画へ：新しいアプローチを展望する

高見　淳史（東京大学）

3.2　ITS（情報通信技術を用いた交通システム）の発展してきた歴史的経緯と新たな段階での課題

平沢　隆之（高知大学）

3.3　マーケッティング分野におけるICTの影響の実態とその形態

鈴木　克典（北星学園大学）

4．環境への対応をどうするか？

4.1　気候変動下における交通計画の在り方

室町　泰德（東京工業大学）

5．国土交通省における交通計画

5.1　「地域公共交通の「リ・デザイン」」

墳﨑　正俊（国土交通省総合政策局 地域交通課長）

5.2　「MaaSを中心とする新しいモビリティサービス」

土田　宏道（国土交通省総合政策局モビリティサービス推進課長）

5.3　「地域交通の方向性」:村田　智紀（国土交通省総合政策局旅客課長補佐）

## 土木学会　土木計画学研究委員会の本

| | 書名 | 発行年月 | 版型：頁数 | 本体価格 |
|---|---|---|---|---|
| | 交通整備制度－仕組と課題－［改訂版］ | 平成3年11月 | B5：352 | |
| | 非集計行動モデルの理論と実際 | 平成7年5月 | A5：248 | 2,427 |
| | 交通ネットワークの均衡分析－最新の理論と解法－ | 平成10年3月 | B5：331 | 2,000 |
| | 道路交通需要予測の理論と適用　第Ⅰ編　利用者均衡配分の適用に向けて | 平成15年8月 | A4：194 | |
| | 道路交通需要予測の理論と適用　第Ⅱ編　利用者均衡配分モデルの展開 | 平成18年7月 | A4：453 | |
| | モビリティ・マネジメントの手引き<br>－自動車と公共交通の「かしこい」使い方を考えるための交通施策－ | 平成17年5月 | B5：213 | 2,200 |
| | バスサービスハンドブック | 平成18年11月 | A5：433 | 3,400 |
| | 交通社会資本制度－仕組と課題－ | 平成22年6月 | B5：344 | 3,600 |
| ※ | 市民生活行動学 | 平成27年3月 | B5：396 | 3,500 |
| ※ | バスサービスハンドブック　改訂版 | 令和6年1月 | A5：546 | 2,800 |
| ※ | 30年先を見据えた交通計画 | 令和7年3月 | A5：200 | 2,100 |

※は、土木学会または丸善出版にて販売中です。価格には別途消費税が加算されます。

定価 2,310 円（本体 2,100 円＋税 10%）

**30 年先を見据えた交通計画**

**令和 7 年 3 月 21 日　第一版・第 1 刷発行**

**編集者**……公益社団法人　土木学会　土木計画学研究委員会
新しいモビリティサービスやモビリティツールの展開前提とした
交通計画論の包括的研究小委員会　委員長　秋山哲男・中村文彦
**発行者**……公益社団法人　土木学会　専務理事　三輪 準二

**発行所**……公益社団法人　土木学会
〒160-0004　東京都新宿区四谷一丁目無番地
TEL　03-3355-3444　FAX　03-5379-2769
https://www.jsce.or.jp/
**発売所**……丸善出版株式会社
〒101-0051　東京都千代田区神田神保町 2-17　神田神保町ビル
TEL　03-3512-3256　FAX　03-3512-3270


ISBN978-4-8106-1124-3
**印刷・製本：昭和情報プロセス（株）　用紙：京橋紙業（株）**